Holder A12 - ein Erfahrungsbericht

Dr. Johann Schuster

FSC
www.fsc.org
MIX
Papier aus ver-
antwortungsvollen
Quellen
Paper from
responsible sources
FSC® C105338

Holder A12 - ein Erfahrungsbericht

Ersatzteile, Einspritzanlage, Zubehör-Eigenbauten

Die Bemerkungen zum Sachs D600L Motor gelten auch für Holder E12 und Holder B12

Dr. Johann Schuster

Impressum

Dr. Johann Schuster

Grillparzerstraße 3

84036 Landshut

Bibliografische Information der Deutschen Nationalbibliothek:
Die Deutsche Nationalbibliothek verzeichnet diese Publikation in der Deutschen Nationalbibliografie;
detaillierte bibliografische Daten sind im Internet über http://dnb.dnb.de abrufbar.

© 2025 Dr. Johann Schuster

Verlag: BoD · Books on Demand GmbH, Überseering 33, 22297 Hamburg, bod@bod.de

Druck: Libri Plureos GmbH, Friedensallee 273, 22763 Hamburg

ISBN: 978-3-7597-5981-8

Inhalt

1. VORWORT

Vorwort zur ersten Auflage

Liebe Leserin, lieber Leser,

es freut mich, dass dieses Büchlein Ihr Interesse geweckt hat. Ich möchte hiermit meine Erfahrungen teilen, die ich mit meinem Holder A12 Schlepper gemacht habe. Ich habe den Schlepper im November 2021 leichtsinnigerweise ungesehen im Internet gekauft und via Spedition liefern lassen. Tun Sie das nicht! Der Schlepper lief nicht (das war bekannt), aber diverse andere Mängel sind dem Verkäufer offenbar „entfallen" gewesen. Überzeugen Sie sich immer persönlich vom Zustand des Schleppers. Der Schlepper ist an sich sehr robust, es kann aber durch Alterungserscheinungen, lange Standzeit oder mangelhafte Wartung durchaus Probleme geben. Einige davon sind im Kapitel „bekannte Schwachstellen" beschrieben.

Das Buch ist als Orientierung für Holder-Neulinge gedacht und soll eine gewisse Grundlage geben, aber auch Details aufzeigen, die man in der einschlägigen Literatur bisher nicht findet, z.B. für die Ölpumpe und Einspritzanlage.

Achtung: ich bin weder Maschinenbauer noch Kfz- oder Landmaschinenmechaniker. Also „ungelernt". Ich habe dieses Buch nach bestem Wissen und Gewissen erstellt, aber ich kann keine Haftung übernehmen für Schäden oder Unfälle, die durch Anleitungen aus diesem Buch resultieren.

Jedem Schrauber, der etwas am Sachs 600 Dieselmotor reparieren will – insbesondere an der Einspritz-Einrichtung – seien Einweg-Handschuhe angeraten. Der Motor ist oft dreckig und riecht stark. Den Geruch und Dreck bekommt man nur schwer wieder von den Fingern. Vielen Dank an die Robert Bosch GmbH und SKF Lubrication Systems Germany GmbH für die freundliche Genehmigung der Abdrucke von Explosions- und Schnittzeichnungen ihrer Produkte.

Wenn Sie Informationen, Anregungen oder Korrekturen für mich haben, so senden Sie bitte unter myholder.de eine Nachricht an den Nutzer HolderA12A13LA. Vielen Dank.

Jedenfalls wünsche ich Ihnen allzeit viel Freude mit dem kleinen Schlepper. Mit seiner urigen Kraft und dem gefälligen Aussehen kann er bei Groß und Klein punkten. Einzig die Zweitaktfahne trübt das Bild ein wenig. Wen das zu sehr stört, der kann aber auch auf einen Viertaktmotor umbauen. Diese haben meistens aber keinen Fliehkraft-Drehzahlregler[1], wie ihn der 600er Sachs hat. Wenn man den Schlepper ein wenig wartet, dann wird man sicher lange Freude daran haben.

Dr. Johann Schuster, Februar 2023

---

[1] Dies ist sehr praktisch, wenn man z.B. mit einer Fräse unterwegs ist. Der Gashebel wählt nur die Drehzahl, der Regler regelt – im Rahmen der Möglichkeiten – so nach, dass die Drehzahl in allen Lastbereichen gehalten werden kann. Ohne einen solchen Regler ist das Fräsen etwas mühsamer, da man immer manuell Nachregeln muss – je nachdem, ob die Fräse gerade in der Erde oder ausgehoben ist.

Vorwort zur zweiten Auflage

Es hatten sich leider einige Tippfehler in der ersten Auflage eingeschlichen. Diese wurden in der zweiten Auflage korrigiert.

Dr. Johann Schuster, April 2023

Vorwort zur dritten Auflage

Ich habe noch die sehr praktische Liste mit den Sachs-Motor Baujahren verlinkt. Vielen Dank an Bastian Hofmann für die Zusammenstellung dieser Liste. Habe die Motornummer des letzten Vorkammer-Diesels gemäß der Angaben in den Sachs D600L Reparaturanweisungen korrigiert. Da hatte ich in den ersten beiden Auflagen die Motornummer aus der Sachs D600L Ersatzteilliste verwendet, die einer anderen Änderung entspricht. Bei der Unterscheidung zwischen A12 und A13 habe ich noch eine Bemerkung über die verwendeten Motoren (Vorkammer/Direkteinspritzer) hinzugefügt. Ferner ist noch ein kleiner Abschnitt über die Haubenhalter und das Haubenband hinzugekommen. Für die „neueren" A12 kam auch noch eine Bemerkung zu den Öltanks „über dem Motor" im Schwachstellen-Kapitel hinzu. Vielen Dank an Markus Schuh für die Anregungen zum Steckschlüssel für die Nutmutter der Starterseite, dem digitalen Drehzahlmesser und zum alternativen Ölpumpen-Prüfstand. Wann immer Ersatzteilnummern vom Schlepper angegeben sind, so beziehe ich mich auf die Ersatzteilliste ab Maschinennummer 11000.
Habe auch noch die 6.00-16 Reifen-Thematik ins Buch aufgenommen. Vielen Dank an die Kärcher Mundicipal GmbH für die Unbedenklichkeitsbescheinigung für 6.00-16 Reifen am Holder A12 und die Erlaubnis, diese im Buch abzudrucken.
Ferner habe ich auch noch eine vermutlich originale Startkurbel vermessen, um sie nachzubauen.

Dr. Johann Schuster, Juli 2024

Vorwort zur vierten Auflage

Habe die Beschreibung für die Erneuerung des Ölsiebes verbessert und den Nachbau des Zwischenrings (no. 314 bzw. 914) skizziert. Als Werkzeug-Empfehlung ist noch ein Hydraulik-Abzieher für die Bremstrommeln hinzugekommen. Habe die Materialempfehlung für den Dreipunkt-Adapter von St50-2 auf St52-3 geändert, da für St50-2 keine Angaben zur Schweißbarkeit verfügbar sind. Es wurden noch zur besseren Lesbarkeit einige von Hand erstellte Zeichnungen durch CAD-Zeichnungen ersetzt.

Dr. Johann Schuster, Juli 2025

2. WICHTIGE LITERATUR

Wenn Sie sich ernsthaft mit dem Schlepper beschäftigen wollen, so empfehle ich dringend die folgende Literatur. Die Bezugsquellen sind in den Fußnoten angegeben. Man kann auch auf www.myholder.de unter „Bestellen von Anleitungen"[2] Nachdrucke erhalten.

Achtung: Vor allem wenn man selbst schrauben will empfehle ich dringend die A 12 Demontage- und Montagehinweise und die Sachs Diesel Reparaturanweisungen. Die Hinweise in diesem Buch sind nur als Ergänzungen zu diesen Anleitungen gedacht. Das vorliegende Buch ersetzt diese Anleitungen *keinesfalls*. Ich verweise an vielen Stellen auf diese Bücher.

Zum Holder-Schlepper A12:
- Betriebsanleitung Holder Allradschlepper Cultitrac A12[3]
- Ersatzteilliste Holder Cultitrac A12[4]
- Demontage- und Montagehinweise Holder Cultitrac A12[5]

Sachs D 600 L
- Sachs Diesel 600 luftgekühlt Handbuch Nr. 537.2/3[6]
- Ersatzteil-Liste Nr. 537.6/3 Sachs Diesel 600L[7]
- Sachs Diesel 600 L Reparaturanweisungen Nr. 537.8/3[8]

Bosch Einspritzausrüstung (wenn man sich tiefer mit der Materie Bosch Einspritzausrüstung beschäftigen will – oder muss)
- Bosch Einspritzdüsen und Düsen-Halter[9]
- Bosch Einspritzausrüstung für Diesel-Motoren mit Einspritzpumpe PF[10]
- Förder-Betrieb – Theorie und Praxis rund um die Flanschpumpe[11]

---

[2] Email an anleitung@myholder.de mit folgenden Angaben: Schleppertyp A12, welche Anleitung (z.B. Reparaturanleitung, Ersatzteilliste, Betriebsanleitung, ...) und vollständige Postadresse

[3] Hiervon gibt es zwei Versionen: Bis Maschinen-Nummer 10999 und ab Maschinen-Nummer 11000. Kostenloser Download unter https://www.kaercher-municipal.com/de/oldtimer

[4] Hiervon gibt es zwei Versionen: Bis Maschinen-Nummer 10999 und ab Maschinen-Nummer 11000. Kostenloser Download unter https://www.kaercher-municipal.com/de/oldtimer

[5] Hier ist mir kein kostenloser Download bekannt. Mir hat eine Such-Annonce bei Ebay-Kleinanzeigen geholfen, um günstig ein pdf zu erhalten. Manche Händler und der Administrator von myholder.de bieten Nachdrucke an.

[6] Kostenloser Download unter http://www.einachser.org/holder/Sachs.htm

[7] Kostenloser Download unter http://www.einachser.org/holder/Sachs.htm

[8] Kostenloser Download unter http://www.einachser.org/holder/Sachs.htm

[9] Kann auf http://www.einachser.org/holder/Sachs/esd.htm eingesehen werden (Download schwierig). Eventuell bei Bosch classic anfragen: classic@bosch.com

[10] Kann auf http://www.einachser.org/holder/Sachs/esp.htm eingesehen werden (Download schwierig). Eventuell bei Bosch classic anfragen: classic@bosch.com

[11] Erschienen in Oldtimer Traktor 5-6/2006, kostenloser Download unter https://roehrer-automotive.de/wp-content/uploads/2020/08/bericht-steckpumpen-roehrer.pdf

- Bosch Diesel Einspritztechnik[12]

Holder Anbau- bzw. Kleingeräte

- Fräse 383/1 usw.[13]

3. HOLDER-QUELLEN IM INTERNET

Die folgenden Internet-Seiten kann ich empfehlen:

Holder-Forum

Unter www.myholder.de findet man unter anderem ein interessantes Forum. Das Holder-Forum ist eine gute Quelle für Fragen und Antworten rund um alle Schrauber-Themen. Die Community ist sehr hilfsbereit und die Mitgliedschaft im Forum ist kostenlos.

Friedbert Planker

Friedbert Planker ist seit Jahrzehnten als Holder-Experte bekannt. Er betreibt eine eigene Holder-Seite mit einigen Tipps und Tricks zum Thema Holder allgemein: https://www.friedbertplanker.de/reparatur-tipps

Dieter Haidls Holder-Seite

Dieter Haidl betreibt eine Seite mit einigen interessanten Zweitakt-Diesel Informationen und Reparaturtipps: http://www.holder-schlepper.de/

ED Thomas Einachser-Seite

Viele gute Infos zu den Sachs D600L Dieselmotoren, die ja nicht nur in E12, sondern auch in A12 und B12 verbaut wurden. Unter anderem auch Infos zu Regler, Einspritzanlage und Rauchgasbegrenzer: http://einachser.org/holder/

Nachträge und Korrekturen zu diesem Buch

Auf dieser Seite werde ich Nachträge und Korrekturen zum Buch veröffentlichen: http://www.johann-schuster.de/holder

---

[12] Enthält interessante Details wie z.B. Druckverlaufskurven pumpenseitig und düsenseitig im Vergleich, Folge von zu früher Einspritzung und vieles mehr. Erschienen 1993 im Springer-Verlag. Findet man manchmal auch per Google-Suche als pdf

[13] Betriebsanleitungen finden sich unter https://www.frank-motorgeraete.de/ersatzteillisten-downloads/downloads-holder-kleingeraete-betriebsanleitungen/ - Ersatzteillisten für Kleingeräte finden sich unter https://www.frank-motorgeraete.de/ersatzteillisten-downloads/downloads-holder-ersatzteile-kleingeraete-et-listen-ersatzteillisten/ Nicht als pdf gefunden habe ich die Anleitung für das Heckmähwerk

4. WARUM GERADE A12 UND WELCHER IST DER BESTE A12 SCHLEPPER?

Ich habe bewusst nach einem Holder A12 gesucht – und gefunden. Es sollte ein kleiner wendiger Schlepper mit Knicklenkung sein, der in Garage oder Schuppen nicht viel Platz benötigt. Heckhydraulik und Zapfwelle sollten auch sein. Die Konkurrenten A8 und A10 schieden aus, da der A8 wegen seiner relativ geringen Stückzahl selten und teuer gehandelt wird und ich keine Wasserkühlung wie beim A10 wollte. Probleme wie Frostschäden und undichte Kühler wollte ich mit der Luftkühlung vermeiden.

Die Frage nach dem besten A12 kann man nur subjektiv beantworten. Ich versuche aber eine Einordnung anhand verschiedener Kriterien zu geben.

Abgasverhalten/Ölverbrauch:
Der Sachs 600 Dieselmotor ist ein Zweitakt-Motor und ist so konstruktionsbedingt nicht unbedingt ein Saubermann. Aber es gibt Unterschiede:
- Totalverlustschmierung: Das waren die ersten Versionen des Sachs 600 Motors. Bei diesem wird das komplette Öl verbrannt
- Druck-Ölrückführung: Hier wird ein Teil des Öls aus dem Kurbelgehäuse wieder zurück in den Öltank gefördert
- Mechanische Öl-Rückführung: Hier gibt es sowohl einen Pumpenkolben für die Förderung zum Motor hin und einen weiteren für die Rückförderung zum Öltank

Ich würde hier einen Motor mit mechanischer Öl-Rückförderung empfehlen. Diese mechanische Rückförderung gab es auch als Nachrüstsatz für ältere Motoren[14]. Mit der mechanischen Ölrückführung hält sich der „Zweitakt-Mief" noch einigermaßen in Grenzen. Ferner wird damit kaum bzw. gar kein unverbranntes Öl aus dem Auspuff geworfen/getropft. In jedem Fall sollte die Ölpumpe wieder genau eingestellt werden (dazu mehr im entsprechenden Kapitel).

Getriebe:
Bis Maschinennummer 10999 gab es vier Vorwärts- und zwei Rückwärtsgänge. Ab Maschinennummer 11000 gab es sechs Vorwärts- und drei Rückwärtsgänge. Das Schmierkonzept wurde beim „großen" Getriebe geändert. Das „große" Getriebe hat ein ausgefeilteres Schmierkonzept[15].
Ich würde hier zum „großen" Getriebe tendieren mit sechs Vorwärts- und drei Rückwärtsgängen - insbesondere, wenn viel Zapfwellenbetrieb angedacht ist. Wenn man

---

[14] Manchmal findet man den nötigen Ölsumpf bei Ebay. Der teuerste Posten beim Umbau dürfte die doppelt-wirkende Ölpumpe sein. Die wird selten und relativ teuer angeboten. Auch müssen die Ölleitungen mit den Ringnippeln besorgt oder angefertigt werden. Ein Umbau ist nicht unmöglich, aber aufwendig.

[15] Siehe Beschreibung im Kapitel Typische Schwachstellen und deren Behebung

nur im Garten herumtuckern will, dann reicht auch locker das „kleine" Getriebe. Das „kleine" Getriebe ist übrigens identisch mit dem aus dem Holder A10[16].

Motor:

Es gibt sowohl Vorkammer- als auch Direkteinspritzer Motoren. Die Leistung beider Motoren ist mit 12 PS gleich. Angeblich ist der Verbrauch beim Direkteinspritzer etwas niedriger. Deutliche Unterschiede gibt es bei den Preisen für die Einspritzdüsen. Die Zapfendüse für die Vorkammer-Motoren ist mit 20€ relativ preisgünstig (Stand 12/2022)[17]. Die Mehrlochdüse für den Direkteinspritzer kostet als Nachbau ca. 250€, original Bosch ca. 500€ (Stand 12/2022)[18]. Das Vorglühen dauert beim Vorkammer-Motor tendenziell etwas länger, da die Vorglühanlage nicht so leistungsfähig ist. Beim Direkteinspritzer geht das Vorglühen etwas schneller.

Ich habe gelesen, dass der Vorkammer-Diesel einen „besseren Sound" haben soll als der Direkteinspritzer. Auch soll der Direkteinspritzer bauartbedingt rauer laufen als der Vorkammer-Motor. Überprüfen/vergleichen konnte ich dies nicht, da ich nur den Direkteinspritzer besitze.

Der Vorkammer-Diesel punktet hier mit deutlich günstigeren Einspritzdüsen. Von außen lassen sich übrigens beide Varianten leicht unterscheiden: Vom Fahrersitz aus gesehen hat der Direkteinspritzer den Kühlluftauslass links, der Vorkammer-Motor hat ihn rechts[19]. Bei den von Holder verwendeten Flanschmotoren sind es bis einschließlich Motor-Nummer 3204464 Vorkammer-Diesel, danach Direkteinspritzer[20]. Die Umstellung fand laut ED Thomas im März 1960 statt[21]. Laut der Sachs-Baujahresliste fällt die Umstellung ins 1. Quartal 1961. Wenn die Daten von Einachser.org stimmen, dann fällt die Motorumstellung

---

[16] Ich habe das nicht selbst überprüft, aber Holder-Experte Friedbert Planker schreibt in der Schlepperpost 5/2007: „Die Typen A 10 und A 12 unterscheiden sich nur in der Motorhaube: Während beim A10 ein Sechsgang-Getriebe mit einem wassergekühlten 10 PS-Sachs-Motor kombiniert ist; kommt beim A 12 das gleiche Getriebe in Verbindung mit einem luftgekühlten 12 PS-Sachs-Motor zum Einsatz. Spätere A 12 wurden mit einem Neungang-Getriebe ausgerüstet."

[17] Ich denke der Grund ist, dass die Zapfendüse noch in einigen anderen Motoren zum Einsatz kam (nicht nur bei Holder, z.B. Allgaier, Bungartz & Peschke, Case, Hanomag, HELA, Primus), daher ist eine gewisse Nachfrage da und eine rationale Fertigung möglich.

[18] Die Mehrlochdüsen sind Holder-spezifisch. Die geringen Stückzahlen machen die Fertigung teuer.

[19] Voraussetzung ist natürlich, dass der Motor „reinrassig" ist, und kein „Frankenstein-Exemplar", das aus verschiedenen Bauständen zusammengewürfelt wurde.

[20] Laut Sachs D600L Reparaturanweisungen Seite 4 und 6 entspricht diese Motornummer dem Modellwechsel von Vorkammer auf Direkteinspritzer. Laut Baujahr-Tabelle der Sachs-Motoren wurde diese Motornummer ab 1961 produziert (Quelle: http://www.sachs-stationaermotoren.de/diverses_stamo.html#die_baujahresbestimmung). Wenn man extrapoliert kommt man ungefähr auf Februar oder März 1961. Wenn jemand genaueres weiß, dann freue ich mich über einen Hinweis. Da „spätere" A12 am Typenschild original kein Baujahr tragen ist die Sachs Baujahr-Tabelle auch nützlich zur Baujahresbestimmung des Schleppers, falls keine Papiere vorhanden sind und neue beantragt werden sollen. Voraussetzung ist natürlich, dass kein Tauschmotor im Schlepper ist.

[21] Siehe http://einachser.org/holder/Sachs/Einspritzanlagen.htm (geprüft Juli 2025)

von Vorkammer auf Direkteinspritzer genau mit dem Modellwechsel bei Maschinennummer 11000 zusammen.

Blinker und Stromkreis:

Bei frühen Modellen waren noch keine Blinker verbaut. Will man nachrüsten, so bedeutet das einigen Aufwand und Geld. Manchmal wurden bei frühen Modellen schon Blinker nachgerüstet, was man oft an Blinkerhebeln an der Lenksäule erkennen kann. Der originale Blinkerschalter sitzt auf der Armaturentafel, nicht an der Lenksäule.
Der Kabelbaum ist bei den frühen Modellen mit nur vier Sicherungen abgesichert, bei den späteren ab Maschinennummer 12756 sind immerhin schon sechs Sicherungen verbaut.
Ich würde hier zu einem späteren Modell mit serienmäßigen Blinkern raten. Ideal ist, wenn schon ein Warnblinkschalter nachgerüstet wurde. Der wird für die Straßenzulassung verlangt und kostet von Bosch alleine 100,- € (Stand Januar 2023).

Hydraulik

Ab Maschinennummer 11000 wurde ein größerer Hydraulik-Zylinder in der Heckhydraulik verbaut. Der hat (zumindest theoretisch) etwas mehr Hubkraft.

Gesamteinschätzung:

Die günstigeren Einspritzdüsen sprechen für den A12 vor Maschinennummer 11000, also noch mit dem „alten" Vorkammer-Diesel[22] und kleinem Getriebe. Ansonsten spricht viel für ein Modell über Maschinennummer 11000. Wer auf die bessere Elektrik mit den 6 Sicherungen und Blinkern Wert legt, sollte sich ab Maschinennummer 12756 umsehen.

Aber Achtung: Es kommt immer auf den Gesamtzustand an. Bitte nicht blind aus dem Internet kaufen (siehe Vorwort). Wenn Sie nicht selbst schrauben wollen oder können, dann empfiehlt es sich, einen Schlepper in gutem Zustand zu kaufen. Wenn möglich mit Papieren und gültigem TÜV.

Und was ist ein A13?

Der A12 wurde von 1957 bis 1966 gebaut. Intern bezeichnete Holder den A12 ab Maschinennummer 11.000[23] als A13. Verkauft wurde der Schlepper aber immer nur unter

---

[22] Ich gehe bei meinem heutigen Wissensstand davon aus, dass bis Februar 1960 (vgl. vorhergehende Bemerkung zum Motor) Holder A12/A13 mit Vorkammer-Diesel gebaut wurden. Wenn man einen A12 vor 1960 mit Direkteinspritzer-Motor bekommt, dann wurde bereits ziemlich sicher der Motor getauscht, da es den Direkteinspritzer damals noch gar nicht gab. Ebenfalls wenn man eine „hohe" Fahrgestellnummer, z.B. 14000, mit Vorkammer-Motor vor sich hat – da wurden dann original nur noch Direkteinspritzer verwendet.
[23] Webmaster Marcus Cramer von myholder.de schreibt im Holderforum „Ab September 1959 (mit Fahrgestellnummer 11.000) gab es den Modellwechsel.". Ich bin nicht sicher ob diese Aussage stimmt. Bei Ebay Kleinanzeigen gab es im Januar 2022 einen A12 mit Nummer 11040 von 1960. Das

der Bezeichnung A12. Vorne in diesem Kapitel sind die mir bekannten Änderungen aufgelistet, die ab Maschinennummer 11.000 eingeflossen sind.

5. SPEZIALWERKZEUG

Wenn man den Schlepper zerlegen oder einstellen muss, dann braucht man das eine oder andere Spezialwerkzeug.

W21 Spezialschlüssel: Nuss für Vielzahnschraube No. 502 obere Gelenkwelle / Getriebeeingangswelle

Für die Vielzahnschraube an der Getriebeeingangswelle vom Holder A12 (Ersatzteilnummer 502 und 295) passt eine Nuss vom MAN TGA. Man braucht die Nuss dort anscheinend für die Einspritzpumpe.

Habe dies ausprobiert, die Nuss im Internet bestellt und siehe da: es funktioniert. Bilder anbei. Nuss ist von KS Tools, Nummer 460.2490

Kosten (Stand 12/2022): 24.16€ (20,17€ die Nuss + 3,99€ Porto)

Die Nuss hat 34 Zähne und entspricht Spezialwerkzeug "W 21 Spezialschlüssel" aus den "Demontage- und Montagehinweisen". ACHTUNG: es gibt eine ähnliche Nuss für Daimler mit 33 Zähnen. Die passt natürlich nicht!

Abbildung 1: Vielzahnmutter Nr. 502 und 295 und passende Nuss

Bemerkung: manche Schrauber nutzen anscheinend direkt die Verzahnung der Gelenkwelle als Nuss. Das habe ich selbst nicht probiert. Ich fand die Lösung mit der Nuss eleganter.

Steckschlüssel für Nutmutter Starterseite (D500 und D600, Sachs-Nr. 1976 010 000)

Für die Nutmutter/Kronenmutter vorne auf der Kurbelwelle habe ich mir selbst einen Schlüssel gebaut. Es müsste auch der BGS Profi Nutmutternschlüssel in den Maßen 56,0 mm x 44,5 mm x 4,7 mm (Außen-Ø (D1) x Innen-Ø (D2) x Zahnbreite (ZB)) passen[24]. Den

---

würde heißen, dass 1959 höchstens 40 Einheiten produziert wurden (...00 bis ...39). Andererseits wurde im September 2023 ein A12 Baujahr 1960 mit Fahrgestellnummer 10767 verkauft, was heißen würde, dass es 1959 überhaupt keinen A13 gab (erst ab März 1960?). Wenn jemand genaueres weiß oder vielleicht sogar einen 1959er A12/A13 hat, dann freue ich mich über einen Hinweis.

[24] Holder A12-Fahrer Markus Schuh schrieb mir, dass der Schlüssel JMP Nutmutternschlüssel 44/50.8 mm für Kawasaki 400 750 900 1200 1100 1200 1500 1600 (MAT-7220523) passt. Er wird bei den Kawasakis für die Lenkkopfmutter benutzt. Vielen Dank für diesen Hinweis. Das ist deutlich eleganter als meine Eigenbau-Variante

Abbildung 2: Aus Rohrstück gefertigter Kronenmutternschlüssel mit aufgelegter Mutter

Schlüssel habe ich einfach aus einem Rohrstück (50mm Außendurchmesser, 3mm Wandstärke) ausgesägt. Man muss das Rohr dann nur im Schraubstock etwas oval drücken, damit die Zähne passen. Habe dann noch eine Querbohrung gesetzt, um die Verlängerung einer Ratsche als Antrieb einzustecken.

Hakenschlüssel für Nutmutter am Auspuffflansch

In den A12 Demontage- und Montagehinweisen steht hierzu nur, dass man einen Spezialschlüssel braucht, aber nicht genau welchen. Gemeint dürfte ein Hakenschlüssel gemäß DIN 1810 A sein. Der Außendurchmesser meiner Auspuff-Nutmutter ist 66mm. Habe also einen Schlüssel für 65-70mm genommen[25]. Passt sehr gut und lässt sich kraftvoll anziehen. Friedbert Planker hat einen Bauvorschlag für einen speziellen Schlüssel erstellt, der in zwei Nuten gleichzeitig eingreift und so die Mutter evtl. schonender behandelt[26]. Ich würde sagen der Hakenschlüssel ist völlig ausreichend.

Abbildung 3: Hakenschlüssel für Auspuff-Mutter

Düsentester für Diesel-Einspritzdüsen

Den abgebildeten Düsenprüfstand habe ich Anfang 2022 im Internet neu für 69,99€ gekauft. Mittlerweile kostet er schon 93,99€ (Stand Januar 2023). Es ist China-Ware. Die originalen Bosch-Tester sind vielleicht besser, aber kaum zu bekommen und auch teuer. Vor Benutzung ein paarmal Diesel durchpumpen (ohne montierte Einspritzdüse), um eventuelle Fertigungsrückstände auszuspülen. Bevor Sie den Tester benutzen lesen Sie bitte das Kapitel über die Bosch Einspritzdüsen und Düsenhalter.

---

[25] Suchbegriff z.B. „AMF Hakenschlüssel mit Nase DIN 1810 A für Muttern-Außen-Ø 65 - 70 mm"
[26] Siehe https://www.friedbertplanker.de/reparatur-tipps/ (zuletzt geprüft Juni 2024)

Abbildung 4: Markenloses Einspritzdüsen-Testgerät

Drehzahlmesser

Um die Leerlaufdrehzahl vom Sachs D600L einzustellen hat mir Leser Markus Schuh einen Tipp geschickt zu einem digitalen berührungslosen Drehzahlmesser FITNATE 20713A. Dieser ersetzt den Drehzahlmesser auf Bild 96 der Sachs Diesel 600L Reparaturanweisungen und kostet nur ca. 22 € bei Amazon (Stand Februar 2024). Er funktioniert mit reflektierenden Klebepunkten. Man kann damit die Drehzahl des Motors z.B. direkt an der oberen Gelenkwelle messen wie in Abbildung 5 zu sehen.

Abbildung 5: Drehzahlmessung an oberer Gelenkwelle (Foto: Markus Schuh)

Spezialschlüssel für Einspritzdüsenhalter

Man kann eine Sechskantnuss (keine Vielkantnuss) mit dem Winkelschleifer so ausklinken, dass unten nur noch zwei Flanken übrigbleiben[27]. Dann kann man den Düsenhalter bequem mit einem Drehmomentschlüssel montieren bzw. mit entsprechender Ratschen-Verlängerung demontieren.

W9 Spezial-Abziehvorrichtung (Abzieher für Bremstrommeln no. 303, no. 903)

Ich empfehle den Kauf eines fertig konfektionierten Hydraulik-Abziehers. Suchbegriff z.B. bei Ebay „10T Hydraulik Radnaben Werkzeug Hydraulischer Antriebswelle Ausdrücker Abzieher"[28]. Allerdings musste ich noch ein Langloch des Flansches etwas auffräsen, damit die M14er Radschraube hineinpasste. Da ich nicht zwei weitere Langlöcher nacharbeiten wollte habe ich Gewindeverlängerungen verwendet, wie in Abbildung 6 zu sehen[29]. Nach Vorspannen des Abziehers musste ich nur noch mit stabilem Durchschlag und 1 Kilo Fäustling

---

[27] Solche Nüsse gibt's für deutlich unter 10 €, so dass ein Zerschneiden kein Problem darstellt.

[28] Kostenpunkt ca. 70 € (Stand Juli 2025). Ist sicherlich China-Ware, aber erfüllt den Zweck.

[29] Zwei davon dienen nur der Abstützung, zwei sind mit Schrauben versehen.

auf den Flansch klopfen, dann sprang die Trommel ab. Nicht auf die Mantelfläche schlagen. Bruchgefahr!

Abbildung 6: Bremstrommel-Abziehflansch

W25 Nutsteckschlüssel für Nutmutter 312, 912

Der Schlüssel müsste vom Format ein KM8 sein (DIN 981). Allerdings sind alle verfügbaren Nüsse für normalen Ratschen-Antrieb zu kurz für den Achsstummel. Man müsste die Nuss mit der Flex abschneiden und ein passendes Rohr einschweißen.

6. ERSATZTEIL-BEZUGSQUELLEN

Es gibt noch einige Händler, die Holder-Teile als Original oder Nachbau vorrätig haben.

- *Traktorteile Segger.* Gut sortierter Online-Shop mit vielen Ersatzteilen für Holder A12 und Motorenteilen für den 600er Sachs Diesel https://www.traktorenteile-segger.de
- Oldtimer Küpper. Guter Online-Shop mit vielen Zubehör-Teilen wie auch die roten Sitzkissen. Manche Teile auf Anfrage vorhanden, wie z.B. Gelenkwellen http://www.oldtimer-kuepper.de
- *Motorgeräte Frank* hat leider keinen Online-Shop, bezieht Teile offenbar (zumindest teilweise) von Udo Weisser http://www.frank-motorgeraete.de
- *Udo Weisser* handelt mit einem großen Bestand von Holder-Teilen. Allerdings hat er keinen Online-Shop und preist bei Nachfragen eine „Beratungspauschale" in die Teile-Preise ein, die sich pro Nachfrage erhöht[30]. Also hier gut die Preise von verschiedenen Angeboten vergleichen und selber entscheiden, ob es einem das wert ist.

Verschleißteile

- Lager, Dichtringe, Muttern, Schrauben, Federringe und Nadelkränze sind Normteile und können einfach aus der Ersatzteilliste von Motor oder Schlepper abgelesen werden. Man sucht einfach nach den entsprechenden Dimensionen im Internet bei den einschlägigen Autozubehör-Händlern. Für Wellendichtringe nehme ich entweder die Standard-Ausführung BA oder die mit extra Staublippe BASL. Gute Erfahrungen

---

[30] Der Rezension von Nutzer U.S. bei google Maps zu Herrn Weissers Ersatzteilhandel „Sehr schlecht nachvollziehbare Geschäftspraktiken!" kann ich mich nur anschließen. Also Vorsicht.

habe ich mit dem Online-Shop von *Agrolager Technischer Handel* gemacht. http://www.agrolager.de

Es finden sich in der Ersatzteilliste z.B. auch die Maße der Bremsbelagnieten und der Bremsbeläge, um diese aus Meterware nachzubauen.

Gebrauchtteile

- So manches gute Ersatzteil findet sich bei Ebay oder Ebay Kleinanzeigen. Ich empfehle einfach Suchanfragen zu schalten. Es gibt viele hilfsbereite Leute in der Holder-Gemeinde, die auch vernünftige Preise aufrufen.

Nachbau-Teile

- Ich habe einige fehlende Teile einfach selbst nachgefertigt. Einige Beispiele finden sich in diesem Buch. Als wertvolle Quelle gilt auch hier die Ersatzteilliste. Dort steht zumeist, welche Blechstärken oder Rohmaterialien die Basis für die Teile bilden.

Dichtungspapier

- Für einige Dichtungen am Motor (z.B. zur Ölpumpe, zum Lüfter, zum Ölsumpf) kann man sich aus Dichtungspapier Dichtungen selbst anfertigen. Ich habe mir hierzu einen Satz mit unterschiedlichen Stärken besorgt. Idealerweise hitzebeständiges Papier nehmen. Mit Schere und den entsprechenden Locheisen kann man sich dann die benötigte Dichtung selbst anfertigen[31].

Kupferringe

- Günstige Sortimente an Kupferringen kann man bei Ebay finden. Insbesondere hilfreich, wenn man die eine oder andere Leitung / Schraube am Motor dicht bekommen will.

Gewindereparatur

- Wenn Gewinde beschädigt sind so ist es praktisch, wenn man das Reparaturset von Helicoil greifbar hat. Gelegentlich gibt es dafür Sonderangebote im Internet. Sehr praktisch, wenn man „mal eben" ein neues Innengewinde braucht.

---

[31] Es gibt hierzu auch einen kompletten Motor-Dichtungssatz, der bei Ebay angeboten wird.

7. NOTWENDIGE WARTUNG / INSTANDSETZUNG VOR INBETRIEBNAHME

Die üblichen Wartungsarbeiten sind in der Betriebsanleitung des Holder A12 aufgeführt.

Achtung: Wenn man den Holder nach längerer Standzeit startet, dann unbedingt einen 17er Gabelschlüssel bereithalten, um im Notfall die Dieselzufuhr der Einspritzdüse zu unterbinden. So kann man den Motor abstellen, wenn dies anders nicht mehr möglich ist. Man kann alternativ mit einem passenden Holzstück die Ansaugöffnung am Luftfilter verschließen – ohne Luft auch keine Verbrennung.

Bitte lesen Sie sich vor Arbeiten am Motor und vor Wiederinbetriebnahme die Sachs D600L Reparaturanweisungen genau durch. Insbesondere das Entlüften der Ölleitungen nach Reparaturen oder Ölfilter-Reinigung. Wenn der Motor kein Öl bekommt, dann ist ein gravierender Motorschaden vorprogrammiert. Auch wenn zu viel Öl im Ölsumpf ist besteht die Gefahr, dass der Motor Schaden nimmt („durchgeht").

Bei einer Wiederinbetriebnahme nach längerer Standzeit bieten sich insbesondere folgende Arbeiten an:

Dieselfilter tauschen

Folgende Ergänzungen/Anmerkungen zur sehr guten Sachs 600 Reparaturanleitung:

1. Den Diesel-Filter gibt es nicht mehr unter der in der Ersatzteilliste gelisteten Bezeichnung Knecht EK 414. Die Bezeichnung lautet nun MANN-FILTER P 609.
2. Wenn der Diesel-Filter schon länger nicht mehr gewechselt wurde empfiehlt es sich unbedingt, auch den Dichtring zu erneuern (Vierkant-Querschnitt, siehe Abbildung 7). Beim Ausbauen des alten Rings vorsichtig vorgehen und den Filterdeckel nicht beschädigen. Ich habe Filter und Ring bei Ebay gekauft. Der Dichtring hätte noch etwas breiter vom Querschnitt sein können, aber ist einwandfrei dicht geworden. Filter ca. 10€, Dichtring ca. 4€, auch im Set erhältlich. In einem anderen Forum habe ich gelesen, dass "normale" O-Ringe nicht dicht werden.
3. Es empfiehlt sich, einige Kupferringe mit 6mm Innendurchmesser vorrätig zu haben, um die Entlüftungsschrauben dicht zu bekommen. Bitte vorher ohne Dichtring prüfen, ob sich die Schrauben weit genug einschrauben lassen. Bei mir war es relativ knapp (vermutlich auch durch die oben erwähnte Vierkant-Dichtung mit etwas kleinerem Querschnitt als das Original) und ich habe dann bei der mittleren Schraube zwei Dichtringe verwendet.
4. Habe eine Grip-Zange benutzt, um den Kraftstoff-Fluss zu unterbrechen. Wenn der Diesel schon uralt ist, dann lieber gleich entleeren und durch neuen tauschen.
5. Bei der Gelegenheit habe ich gleich noch die Kraftstoff-Leitungen erneuert. Habe statt den originalen 7er Innendurchmessern einfach 8mm Material verwendet, das

man problemlos bekommen kann. Funktionierte bei mir genauso und wurde alles einwandfrei dicht.

6. Nach erfolgtem Filter-Tausch unbedingt die Dieselleitung nach Anleitung entlüften.

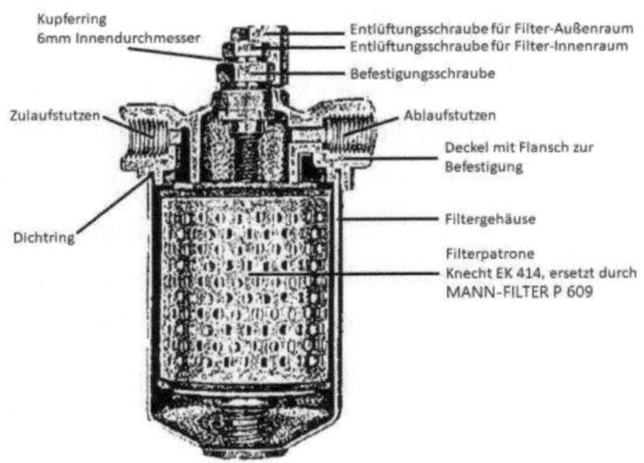

Abbildung 7: Dieselfilter schematisch

Luftfilter reinigen

Hier bin ich nach Betriebsanleitung vom Sachs 600 vorgegangen. Bei dem älteren Luftfilter-Modell muss der Ölstand zwischen zwei Markierungen sein, das neuere Modell hat einen kleinen eingeprägten Pfeil und eine Sicke, die den Füllstand angeben. Bei der Gelegenheit auch, wie in der Betriebsanleitung erwähnt, das Filterelement reinigen. Achtung: keinesfalls den Luftfilter überfüllen. Der Holder raucht sonst wie eine Dampflok und es besteht die Gefahr, dass der Motor „durchgeht", wenn er das angesaugte überschüssige Öl aus dem Luftfilter verbrennt.

Motoröl ablassen und erneuern

Das alte Öl sollte abgelassen und bei der Gelegenheit auch das Ölsieb gereinigt werden. Unbedingt alle Ölleitungen wieder gemäß Anleitung entlüften! Vor Inbetriebnahme auch den Ölsumpf unter dem Motor kontrollieren. Hier sollte sich etwas, aber nicht zu viel Öl befinden (sonst Gefahr, dass der Motor dieses Öl verbrennt und „durchgeht", insbesondere bei Motoren ohne mechanische Ölrückführung). Bevor man wieder Öl auffüllt sollte man überlegen, ob man nicht gleich noch die Ölpumpe inspiziert (siehe weiter unten). Der Frage, welches Öl man einfüllen soll, habe ich ein eigenes Kapitel gewidmet.

Kühlluftführung inspizieren

Wenn der Schlepper viel in dreckigen Umgebungen betrieben wurde (z.B. Heu-Ernte) so kann man davon ausgehen, dass sich auch in der Kühlluftführung Dreck angesammelt hat. Man sieht von außen nicht, ob die Kanäle verschmutzt sind. Idealerweise nimmt man den

Lüfter und die Kühlluftführung um den Zylinder ab[32]. Dann Stroh oder sonstigen Dreck entfernen, um eine einwandfreie Kühlung sicher zu stellen. Bei meinem Holder war ein Dreck-Öl-Gemisch vorhanden, da der Öltank (Variante über dem Motor) nicht dicht war und den Lüfter mit Öl versorgte.

Auspuff und Auslassschlitz ausbrennen bzw. mechanisch reinigen

Es setzt sich prinzipbedingt im Auspuff und am Auslass-Schlitz des Motors Ölkohle ab. Um sie sauber zu entfernen muss man den Auspuff und den Krümmer abbauen und den Auspuff zerlegen. Ich habe die Kohle mit Schraubendreher und – für die unzugänglicheren Stellen – einem im Akkuschrauber eingespannten Drahtseil mechanisch entfernt. Alternativ kann man den Auspuff ausbrennen, aber beim Auslass-Schlitz kommt nur die mechanische Entfernung der Ölkohle in Frage. Bemerkung: zu viel Ölkohle im Auspuff kann auch zu „heller" Rauchentwicklung (weiß/bläulich) führen.

Einspritzdüse prüfen

Der Öffnungsdruck der Einspritzdüse wird durch die Federkraft der darin eingebauten Feder bestimmt. Lässt über die Zeit die Federkraft durch Setzeffekte der Feder nach, so sinkt der Öffnungsdruck der Düse. Daraus resultierten ein früherer Einspritz-Zeitpunkt und somit ein rauerer Motorlauf. Der Motor ist dafür nicht ausgelegt und es geht normalerweise zuerst die Pleuellagerbuchse für den Kolbenbolzen kaputt[33]. Die Messung des Öffnungsdruckes geht schnell, wenn man das entsprechende Prüfgerät hat (vgl. Kapitel 5 Spezialwerkzeug). Stimmt der Öffnungsdruck nicht, so muss man den Düsenhalter öffnen und durch geeignete Planscheiben die Federvorspannung verändern, bis der Öffnungsdruck passt. Ich habe das im Kapitel „Düsenhalter Bosch" genauer beschrieben.

Will man nur probieren, ob der Traktor überhaupt startfähig ist, so kann man auch den Düsenhalter „verkehrt" herum einbauen (Düse zeigt nach oben, ist nur auf die Zuganker aufgesteckt, nur Druckleitung angeschlossen). Wenn man dann den Motor durchdreht, muss es feinen Dieselnebel geben (bei jeder Stellung des Gashebels). Ist die Düse vorne stark schwarz verrußt, so ist dies ein Indiz für eine defekte, „tropfende" Düse. Dann raucht der Motor dunkel/schwarz, da er mehr Diesel bekommt als er benötigt.

Achtung: Finger weg vom Düsenstrahl. Der Strahl ist so stark, dass er unter die Haut geht und Vergiftungen hervorrufen kann.

Ölsumpf abschrauben und inspizieren

Nach langer Standzeit lohnt es auch, den Ölsumpf komplett abzuschrauben und auf Metall-Späne zu inspizieren. Sind Späne zu sehen, dann rate ich von einem Start ab. Es sollte erst die Ursache gefunden und behoben werden. Eine defekte Pleuelbuchse usw. würde sich hier

---

[32] Dafür muss man allerdings die Einspritzleitung abschrauben – beim Zusammenbau Entlüften nach Vorschrift aus den Sachs 600 Reparaturanweisungen.

[33] Bei mir war durch zu niedrigen Öffnungsdruck die Buchse im Pleuelauge verschlissen und im Pleuel verdreht, so dass die Ölbohrungen nicht mehr zueinander passten.

normalerweise zeigen. Je nach Modell müssen nur 4 oder 5 Schrauben gelöst werden, das geht recht schnell.

Ölpumpe und Ölleitungen inspizieren

Wenn das Öl abgelassen ist dann lohnt es sich, die Ölpumpe und Ölleitungen zu inspizieren. Bei der doppeltwirkenden Ölpumpe ist vor allem der Rückkanal (also der untere Kolben) anfällig für Verschmutzungen durch angesaugte Verbrennungsrückstände oder Abrieb. Einfach die zwei Schrauben des unteren Deckels abschrauben, den Kolben herausziehen und die Bohrung im Kolben inspizieren. Ich empfehle, die Ansaugleitung vom Ölsumpf abzuschrauben, zu reinigen und auch die Einlaufbohrung ins Ölpumpengehäuse zu inspizieren. Habe die Papier-Dichtung neu angefertigt (Dicke beachten), aber sicherheitshalber noch Dirko HT verwendet. Wer ganz sicher gehen will verwendet einen Ölpumpenprüfstand (dazu im entsprechenden Kapitel mehr) oder lässt die Pumpe überprüfen[34].

Bitte auch die Zulaufleitungen zum Motor prüfen: Wenn man die Hohlschrauben der Zulaufleitungen zum Motor an der Ölpumpe mit einer kleinen Spritze gemäß Reparaturanleitung auffüllt[35], dann muss das Öl sich ohne Widerstand in die Leitung drücken lassen. Spürt man einen Widerstand, dann muss man die Leitung abmontieren und reinigen. In meinem Fall war die Zulaufleitung zum vorderen Kurbelwellenlager zugesetzt und musste gereinigt werden.

Funktion des Startknopfes prüfen

Wenn man etwas Gas gibt (ca. 2/3) und den Startknopf vorne am Motor zieht, so muss dieser draußen bleiben. Wenn er sofort wieder hineinspringt, dann ist etwas faul. Mögliche Probleme sind: Festgerosteter (Doppel-)Hebel im Regler oder schwergängige Einspritzmengenverstellung der Einspritzpumpe. In meinem Fall war es die Einspritzpumpe. Die Verstellung habe ich dann vorsichtig wieder gangbar gemacht – aber Vorsicht walten lassen, damit man nichts verbiegt. Einfach mal den Lüfter nach Anleitung abschrauben und dann den Regler inspizieren.

Der Wäscheklammer-Trick

Wenn der Motor nicht recht laufen will – geht kurz an und dann sofort wieder aus – kann man probieren, ob es mit gezogenem und festgeklemmtem Startknopf besser geht (z.B.

---

[34] Kontrolle und Einstellung der Ölpumpen-Förderleistung wurde bei den Holder HD1, HD2 und HD3 Motoren alle 1000 Betriebsstunden empfohlen. Ich gehe davon aus, dass beim Sachs D600L ein ähnliches Intervall anzusetzen ist.

[35] Hier lieber etwas mehr Öl in die Leitung drücken als in der Reparaturanleitung angegeben. Schlimmstenfalls raucht der Motor dann etwas mehr. Bei zu wenig Öl riskiert man einen Motorschaden.

Wäscheklammer benutzen)[36]. Bei mir war bei niedrigen Temperaturen das Regleröl zu zäh. Daher hat der Regler zu lange gebraucht, um nachzuregeln. Mit festgeklemmtem Startknopf ging es dann mit starkem Sägen und starker Schwarzrauch-Entwicklung los. Nach ca. einer Minute normalisierte sich der Lauf.

Die Wäscheklammer-Methode empfiehlt sich nur als Test – und auch dann nur, wenn man leidensfähige Nachbarn und Familie hat. Aber um zu sehen, ob der Motor überhaupt geht kann man das schon mal machen. Wenn er mit Wäscheklammer läuft, dann erst einmal das Regleröl wechseln gegen das richtige. Aber Achtung: liegt es am Regleröl, dann tritt Besserung nicht sofort nach dem Ölwechsel ein. Das Öl muss sich erst noch im Regler verteilen, was wieder ein paar Minuten (bei laufendem/sägendem Motor) dauert.

Schmierstellen abschmieren

Gemäß Betriebsanleitung alle Schmiernippel abschmieren. Fehlende oder beschädigte Nippel ersetzen. Die gibt's für kleines Geld im Auto- oder Landmaschinen-Zubehörhandel. Vorher prüfen welches Gewinde benötigt wird.

Gelenkwellen inspizieren

Die beiden Gelenkwellen – vor allem die obere – verschleißen gerne, wenn sie nicht pfleglich behandelt werden. Insbesondere ein ausgeschlagener Längenausgleich klappert dann laut, wenn der Traktor läuft und stärker abgeknickt ist. Neue Wellen sind nicht billig – sofern man sie überhaupt bei den einschlägigen Händlern bekommt.

Man kann aber leicht prüfen, ob die Flansche auf den Wellen Spiel haben (gegebenenfalls mit Spezialschlüssel W21 nachziehen) oder ob nicht alle Flansch-Schrauben vorhanden und festgezogen sind. Die Flanschschrauben müssen mit Sicherungsblechen gesichert sein. Ein einfacher Nachbau der Flanschschrauben wird in diesem Buch beschrieben.

Glühbirnen inspizieren

Bevor man z.B. Lichtmaschine oder Regler verdächtigt, weil die Ladekontrolllampe nicht leuchtet sollte man die Birnen inspizieren. Die Glühbirnen in der „neueren" Kombi-Anzeige mit den vier Lämpchen sind vom Typ BA9S[37]. Man kann mittlerweile z.B. bei eBay auch Varianten mit LED-Leuchtmittel kaufen. Meine LEDs waren aber gegen Feuchtigkeit empfindlich und haben nicht lange gehalten. Ich habe wieder „normale" Glühbirnen eingebaut.

---

[36] Siehe auch Kapitel „Motorstörungen und deren Beseitigung". Wenn der Rauchgasbegrenzer den Regelvorgang behindert kann es auch sein, dass z.B. die Einspritzpumpe verschlissen ist. Achtung: Mit festgeklemmtem Rauchgasbegrenzer raucht der Motor stark schwarz!

[37] Gemäß DIN 49715 bzw. IEC 7004-14. Welche Birnen in die ältere Version des Armaturenbretts passen weiß ich nicht.

„Festgebackene" Kolbenringe lösen

Insbesondere nach längerer Standzeit kann es möglich sein, dass die Kolbenringe „festgebacken" sind – sich also nicht frei in den Kolbenringnuten bewegen können. Ich denke, das ist hauptsächlich auch ein Nebeneffekt einer „tropfenden" Einspritzdüse, da dann sehr viel Ruß produziert wird, der sich in den Ringnuten ablagert.

Klemmende bzw. schwergängige Ringe äußern sich üblicherweise durch schlechtes Startverhalten, da die Kompression sinkt. Bei meinem Motor waren zwei von vier Ringen fest und er lief und startete eigentlich noch ganz passabel.

Zur Reparatur muss man den Zylinder „ziehen". Dafür muss man die Einspritzleitung entfernen und das Luftleitbleich um den Zylinder abbauen. Ich musste ferner den Öltank (über dem Motor[38]) und den Lüfter entfernen. Schließlich noch Ansaugtrakt und Auspuff entfernen. Ich habe den Zylinderkopf einfach drauf gelassen, um keine Undichtigkeiten zu riskieren.

Nach Ausbau des Kolbens kann man auch gleich das Pleuelauge inspizieren – siehe Kapitel 11 Typische Schwachstellen und deren Behebung.

---

[38] Das ist unnötig, wenn man einen älteren A12 mit Öltank „hinter dem Motor" hat.

8. DIE ÖLFRAGE

Zu dem Zeitpunkt als die Holder bzw. Sachs Betriebsanleitungen geschrieben wurden gab es noch keine Mehrbereichsöle. Ein Wechsel von Sommer- auf Winteröl und umgekehrt war üblich. Für den Motor galt im Sommer HD[39]-Öl SAE 40, im Winter HD-Öl SAE 20. Den Geräteträger/Regler durfte man ganzjährig mit HD-Öl SAE 20 fahren, man konnte im Sommer aber auch HD-Öl SAE 40 einfüllen. Diesen Aufwand will heute allerdings keiner mehr treiben.

Ich fuhr unmittelbar nach dem Kauf des Traktors 15W40 im Motor ohne Schwierigkeiten und hatte erst auch 15W40 im Geräteträger. Dies stellte sich als verhängnisvoll heraus, da der Motor im Winter kurz startete und dann nach wenigen Sekunden wieder ausging[40]. Was war passiert? Das zähe Öl im Regler verursachte, dass der Regler viel zu träge reagierte[41]. Abhilfe habe ich im Regler durch ein Leichtlauföl 5W30 gefunden, das ich ohnehin fürs Auto vorrätig hatte (zur Langzeitwirkung auf die Dichtungsmaterialien kann ich noch nichts sagen). Das „Sägen" bei kaltem Motor ist damit nach sehr kurzer Zeit vorbei und auch im Winter funktioniert der Regler vernünftig. Habe derzeit im Motor ein 10W40 Öl drin. Mein Traktor rauchte mit dem 15W40 aus dem Baumarkt deutlich stärker bläulich als mit einem 10W40 von Eurolub.

Im Internet (einachser.org) wird behauptet, dass man im Motor 20W40 einfüllen könnte[42]. Im gleichen Beitrag heißt es „ich schwöre auf 10W40 im Motor und im Regler". Im Holderforum empfiehlt jemand für luftgekühlte Motoren 20W50, das habe ich nicht probiert. Ein interessanter Aspekt ist noch der Flammpunkt des Öles. Für Zweitakt-Benzinmotoren habe ich folgendes gefunden[43]: „Da viele 2-Takt-Öle in Folge einer Gemischschmierung im Motorraum in Verbindung mit dem Kraftstoff verbrannt werden, sind die Flammpunkte bei 2-Takt-Ölen meist geringer als der Flammpunkt normaler Motorenöle für Autos. Der Flammpunkt bei einigen 2-Takt-Ölen liegt dann ungefähr bei 130 °C.". Wer mag kann also

---

[39] HD steht für Heavy Duty, eine Bezeichnung, die angibt, dass dem Öl Additive beigemischt sind. Auf motoroel.de steht „Da moderne Motoröle meistens ohnehin mit Zusatzstoffen vermischt werden, um besonders effizientes und langlebiges Öl zu produzieren, ist diese Bezeichnung nach und nach ausgestorben und findet sich nur noch auf sehr alten Verpackungen"

[40] Bastian aus dem Holderforum sagt, er hätte 15W40 im Regler und seiner „geht einwandfrei". Ich denke diese Aussage bezieht sich aber eher nur auf Sommerbetrieb.

[41] Das Gleitlager aus 152 Reglermuffe und 153 Druckmuffe wird bei kalten Temperaturen sehr schwergängig, wenn man 15W40 drin hat (habe im Dezember 2022 bei um die 0°C Außentemperatur den Regler zerlegt). Ich denke, dass durch das erzeugte Schleppmoment der Regler dann träge läuft. Wenn das Öl abgewischt ist, lässt sich das Gleitlager sehr leicht drehen. Mein Fazit: kein 15W40 in den Regler. Zumindest nicht im Winter.

[42] Solche Öle findet man beispielsweise unter der Bezeichnung Super Traktor Oil Universal (STOU), z.B. RAVENOL STOU SAE 20W40. Allerdings gibt es die nur in sehr großen Gebinden ab 20 Liter. Habe ich noch nicht probiert.

[43] Quelle: https://addinol.de/service/expertentipps/flammpunkt/

nach Ölen mit niedrigem Flammpunkt Ausschau halten, um die Zweitaktfahne zu minimieren. Es gibt hier je nach Hersteller durchaus Unterschiede[44].

Mein Fazit: 10W40 oder 15W40 im Motor ist ganzjährig OK, 15W40 im Geräteträger geht nur im Sommer, für Ganzjahresbetrieb eher 5W30 oder ein anderes Leichtlauföl verwenden.

Für das Getriebe wird in der Betriebsanleitung SAE 80 empfohlen. Dies ist heute auch nicht mehr ohne weiteres erhältlich. Auf holderfreunde.de wird SAE 80W90 bzw. 85W90 empfohlen[45].

Für die Hydraulik wird in der Betriebsanleitung SAE 20 empfohlen. Hier würde ich auch einfach 15W40 nehmen.

9. DIESEL-ZUSÄTZE

Die Firma Karl Schindl Landtechnik GmbH empfiehlt speziell beim Premium-Diesel pro 20 Liter ca. 2-4ml 2-Takt-Öl (z.B. Husqvarna Synthetic XP) beizumischen[46], da die Schmiereigenschaft von diesem Diesel dem ursprünglichen Diesel nicht mehr ganz entspricht.

Für Schlepper, die nur wenige Betriebsstunden pro Jahr zusammen bekommen empfiehlt Firma Karl Schindl Landtechnik GmbH auch ein Mittel gegen Mikroorganismen wie Bakterien, Hefen oder Schimmelpilze (z.B. NILS Purin Control) laut der Mengenangabe auf der Dose dem Diesel beizumischen. Es finden sich noch einige andere Additiv-Produkte im Internet unter dem Stichwort „Dieselpest". Um den Luftfeuchte-Eintrag durch sogenannte „Tankatmung" zu vermeiden empfiehlt es sich auch, den Tank immer gut gefüllt zu halten. Ein Sicherheitsraum zur Wärmeausdehnung des Kraftstoffs muss jedoch verbleiben.

10. WINTERBETRIEB

Wenn man mit einem Schneeschild für den A12 liebäugelt, dann muss man sich Gedanken machen wie man den Traktor im Winter in Betrieb nimmt. Davor aber bitte prüfen, dass die richtigen Öle eingefüllt sind, vor allem im Geräteträger, wie im Kapitel „Die Ölfrage" beschrieben. Für den Startvorgang gibt es zwei unterschiedliche Beschreibungen.

Das Holder A12 Handbuch unterscheidet nur zwischen über 10° Celsius (nicht vorglühen) und unter 10° Celsius (vorglühen), immer mit ¾ Gasstellung. Die Beschreibung ist meiner Meinung nach sehr knapp und wenig hilfreich. So kann ich meinen Holder bei kalter Witterung jedenfalls nicht vernünftig starten.

Im Sachs 600 Handbuch steht, dass man normalerweise ½ Gas geben und ca. ½-1 Minute vorglühen soll (unabhängig von der Temperatur). Im Winter soll man beim Start Vollgas

---

[44] Ich habe stichprobenweise Flammpunkte zwischen 220°C und 240°C in den Sicherheitsdatenblättern handelsüblicher 15W40 Öle gefunden.

[45] Siehe Diskussion unter https://forum.holderfreunde.de/viewtopic.php?t=251

[46] Diese Angabe habe ich von Leser Markus Schuh bekommen, scheint mir aber auf die Dieselmenge sehr wenig, also eher homöopathisch (Mischverhältnis 1:10000 bzw. 1:5000).

geben. Über die Vorglühzeit im Winter steht nichts geschrieben. Diese Startangabe scheint mir realistischer, da mein Holder bei ¾ Gas im Winter nur kurz anläuft und dann schnell wieder ausgeht (typischerweise dann, wenn der Startknopf hineinspringt).

Meine Startprozedur im Winter ist folgende. Damit kann ich den Motor zuverlässig starten[47]: Sicherstellen, dass die Batterie vollständig geladen ist. Gasstellung auf Nullförderung (Abstellposition) und Motor ca. 20-mal mit dem Starter durchdrehen[48]. Dann Gasstellung auf Vollgas, Startknopf am Motor in Vorglühstellung. Mindestens 1.5 Minuten vorglühen[49] (auf die Uhr schauen!). Wenn der Motor dann anspringt, so muss er ein paar Sekunden Vollgas laufen – bis er nicht mehr sägt und mit konstant hoher Drehzahl läuft[50]. Anschließend kann ich nach kurzer Zeit vorsichtig immer mehr Gas wegnehmen. Der Motor sägt dabei auch noch leicht, aber nach einer Warmlauf-Phase von 1-2 Minuten bleibt die Drehzahl konstant und er hat – bei Bedarf – auch einen schönen Leerlauf. Um den Verschleiß des Motors gering zu halten empfehle ich aber eher Sommerbetrieb.

Ferner steht im Sachs 600 Handbuch, wie man Diesel selbst winterfest machen kann (durch anteilige Ölzugabe). Sommerdiesel kann schon ab 0° Celsius ausflocken und den Dieselfilter verstopfen, so dass sich der Motor nicht mehr starten lässt oder er schon während des Betriebes ausgeht. Wenn man rechtzeitig Übergangs- bzw. Winterdiesel tankt, dann hat man keine Probleme zu erwarten. In Deutschland gibt es derzeit Übergangsdiesel[51] vom 1. Oktober bis 15. November automatisch an den Tankstellen. Winterdiesel[52] gibt es vom 16. November bis 28. Februar (Stand Januar 2023). Also einfach rechtzeitig den richtigen Kraftstoff holen – oder bei Gelegenheitsnutzern einfach ganzjährig Winterdiesel fahren (Kanister im Winter auffüllen).

---

[47] Angeblich (vgl. Holder-Forum) sollte der Direkteinspritzer-Motor bis hinunter zu 0°C noch ohne Vorglühen anspringen. Meiner tut das definitiv nicht. Allerdings ist mein Zylinder sicherlich schon verschlissen.

[48] Das bewirkt, dass die Ölpumpe frisches Öl fördert und alle Teile im Motor hinreichend geschmiert sind. Diese Vorbereitung schadet allgemein nicht – nicht nur im Winterbetrieb.

[49] Wenn ich bei Kälte nur eine halbe Minute vorglühe, so geht der Motor kurz an und sobald der Startknopf hineinspringt wieder aus. Im Holder-Forum ist zu lesen, dass ein Direkteinspritzer-Motor eigentlich bis hinunter auf 0°C ohne Vorglühen starten sollte. Hier ist die Kompression meines Motors wohl derzeit zu schlecht.

[50] Das Regleröl muss sich erst erwärmen, bevor die Regelung einwandfrei funktionieren kann. Wenn ich zu schnell das Gas wegnehme, dann geht mein Motor aus.

[51] flockt erst ab -10° Celsius aus

[52] flockt erst ab -20° Celsius aus

11. TYPISCHE SCHWACHSTELLEN UND DEREN BEHEBUNG

Klappernde Gelenkwellen

Die Gelenkwellen – vor allem die obere – sind gerne ausgeschlagen. Insbesondere die Verzahnung des Längenausgleichs. Dies macht sich durch Klappern bemerkbar[53]. Insbesondere bei niedrigeren Drehzahlen und wenn der Schlepper abgeknickt ist.

- Instandsetzung: Instandsetzung der Wellen ist möglich, aber ähnlich teuer bzw. sogar teurer als ein Reproteil. Ferner hat man dann immer noch die alten Flansche mit evtl. verschlissenen Verzahnungen für die Gelenkwellenschrauben. Also nicht unbedingt empfehlenswert. Wer eine Welle instand setzen lassen will, kann z.B. bei https://www.moeller-och.de anfragen. Die haben sich am Telefon sehr kompetent angehört. Haben aber ca. 100,- € pro Kreuzgelenk und 100,- € für den Längenausgleich veranschlagt[54]. Diese Firma könnte auch passende Kreuzgelenke zum Selbsteinbau liefern[55].
- Ein- und Ausbau: Wenn man die Lenkung und die Batteriehalterung abbaut, dann kann man ohne den Schlepper zu teilen die Welle tauschen[56]. Wenn die Welle ausgebaut ist bietet es sich an, den festen Sitz der Vielzahn-Muttern zu prüfen. Die dafür nötige Stecknuss habe ich im Werkzeug-Kapitel angegeben.
- Nachbau-Wellen: Oldtimer-Küpper bietet einen Nachbau für die obere Gelenkwelle an[57]. Die sieht aber etwas anders aus als die Original-Welle[58]. Die oben genannte Firma https://www.moeller-och.de kann wohl auch Wellen komplett neu bauen. Einige andere Firmen bieten auch solche Dienstleistungen an.
- Wenn die Welle ausgebaut ist, auch gleich die Lagerungen der Motor-Ausgangs bzw. Getriebe-Eingangs-Welle prüfen. Schadet sicher nicht.

Schrauben am Gelenkwellenflansch

Wenn der Schlepper wenig gewartet wurde und/oder die Sicherungsbleche der Gelenkwellen-Muttern nicht eingebaut wurden so kann es sein, dass sich die Gelenkwellen-Schrauben losschlagen. Bei mir fehlten an einer Seite der oberen Gelenkwelle zwei von vier

---

[53] Es klappert auch insbesondere, wenn die mittleren Gabeln verdreht eingebaut wurden. Die müssen in einer Ebene liegen!

[54] Mit zwei Kreuzgelenk-Revisionen und einem neuen Längenausgleich liegt man dann bei ca. 300€ (Stand Januar 2023), also etwas unter einer nachgefertigten Gelenkwelle (491€, Stand Juni 2025)

[55] In meinem A12 waren 22x57.5mm Kreuzgelenke drin, Suchbegriff „Kreuzgelenk 22x57,5 mm Suzuki SX4 Toyota RAV4 Subaru Impreza". Nach dem Tausch war die Welle wieder ruhig, obwohl der Längenausgleich nicht mehr der Beste ist. Alte Gelenke messen (idealerweise in den Gabeln zwischen den Seegeringen), da es wohl verschiedene Ausführungen gibt in Länge und Durchmesser. Unbedingt sicherstellen, dass die Seegeringe vollständig eingerastet sind!

[56] Habe mit großem Schraubendreher die Gelenkgabeln weitergedreht zur nächsten Schraube. Immer in Motor-Drehrichtung drehen, nicht dagegen.

[57] https://www.oldtimer-kuepper.eu/Teleskop-Gelenkwelle-fuer-Holder-A12 (geprüft Juni 2025)

[58] Meine Anfrage bei Oldtimer-Küpper wie weit sie sich zusammenschieben lässt blieb leider unbeantwortet. Meine Original-Welle kann man auf 275mm zusammenschieben (Flansch-Flansch)

Schrauben. Wenn man die Lenkung abbaut und den Deckel unter der Batterie abnimmt, dann sieht man gut hin und kann alles auf Spiel und Vollständigkeit prüfen. Ich beschreibe weiter hinten, wie man die Schrauben und Sicherungsbleche relativ einfach nachbauen kann.

Spiel im Knickgelenk

Das Knickgelenk ist konstruktionsbedingt hoch beansprucht. Die sogenannte „Faustachse" ist in zwei Silentblocs gelagert. Diese Gummilager verschleißen mit der Zeit. Auch die beiden Kugellager des Knickgelenks können für Spiel verantwortlich sein. Dann „hängt" der Motor nach unten. Das Knickgelenk am besten im Stand prüfen: Den Schlepper eben abstellen und vorne anheben[59] und wippen: Dann spürt man das Spiel. Ersatzbuchsen sind noch lieferbar[60] (Stand Januar 2023).

Gerissene bzw. verbogene Motorhauben

Durch die Vibrationen des Motors (vor allem, wenn der Öffnungsdruck der Einspritzdüse verstellt ist) kann die Motorhaube reißen. Das passiert vorzugsweise seitlich am „Knick" der Haube. Viele Hauben sind an dieser Stelle schon geschweißt. Zur Reparatur benötigt man ein Schutzgasschweißgerät oder eines der seit kurzem erhältlichen „Fülldraht"-Schweißgeräte, die sehr preisgünstig sind und ohne separates Schutzgas auskommen. Auch haben viele Hauben einen Frontschaden, da der A12 keine richtige Stoßstange besitzt. Hier ist Geschick oder professionelle Hilfe zur Reparatur gefragt. Man sieht am Gebrauchtmarkt auch immer wieder Motorhauben, die für den Einbau einer anderen Lichtmaschine oder gar eines anderen Motors ausgeschnitten wurden. Auch hier ist ein Rückbau aufwendig. Kaufen Sie wenn möglich einen A12 komplett mit Haube, da gebrauchte Hauben praktisch nicht angeboten werden. Mir sind auch keine Nachfertigungsaktionen der Hauben bekannt.

Defekte Haubenhalter und Haubenbänder

Die Haubenhalter sind in der Ersatzteilliste als 26Ø x 130 bezeichnet. Ich habe nur 125mm lange Halter gefunden[61]. Um die fehlende Länge auszugleichen habe ich den Haltewinkel

Abbildung 8: 125mm Haubenhalter mit etwas stärker gebogenem Haltewinkel

---

[59] Dies erfordert etwas Kraftaufwand: der Motor wiegt laut Reparaturanweisungen ohne Anlasser 104 kg

[60] Suchbegriff „Silentbloc Holder A 10 A 12 Faustachse Knickgelenk groß" bzw. „… klein" bei Traktorteile Segger

[61] Beispielsweise bei Schlepper-Teile.de unter Suchbegriff „Haubenhalter 125mm – Haubengummi mit Halter"

abmontiert und im Schraubstock etwas zusammengebogen. Geht sicherlich eleganter, aber funktioniert. Man muss nur prüfen, dass im Betrieb nicht irgendwo Metall auf Metall scheuern kann.

Haubenbänder

Die Haubenbänder/-gummis sind bei vielen A12 nicht mehr oder nur noch in Fragmenten vorhanden, so dass die Haube im Betrieb scheppert und klappert. Im Extremfall kann dadurch der Tank durchscheuern. Selbstklebende Vollgummistreifen sind hier das Mittel der Wahl. Die klebt man einfach auf den Tank. Auf jeden Fall sollte man in regelmäßigen Abständen nachsehen, ob nichts scheuert. Nageldichtband ist zu schwach, das scheuert durch.

Defekter Werkzeugkasten

Der kleine Werkzeugkasten über dem Hinterrad ist anfällig für Korrosion, da eindringendes Wasser kaum ablaufen kann. Daher sind bei vielen A12 entweder keine oder andere Werkzeugkästen verbaut. Da die Werkzeugkästen sehr selten angeboten werden empfiehlt es sich den Traktor möglichst mit Werkzeugkiste zu kaufen.

Undichte Hinterachstrichter

Bei vielen Holder-Schleppern die bei Ebay angeboten werden sieht man ölige Hinterachstrommeln und Hinterachsfelgen[62]. Das ist nicht nur unschön, sondern verschlechtert auch die Bremsleistung der Fußbremse, da deren Bremsbeläge und Trommel geölt werden. Laut Reparatur-Handbuch muss man die Achstrichter entfernen, um die Achsen neu abzudichten. Das ist viel Aufwand. Im Internet habe ich eine Anleitung gesehen, bei der der Achstrichter am Getriebe verbleibt. Das ist deutlich weniger Arbeit. In jedem Fall nicht nur den „großen" Dichtring tauschen, sondern auch den kleinen O-Ring (No. 315/915), der hinter dem Zwischenring (No. 314/914) sitzt. Evtl. muss auch der Zwischenring erneuert werden.

Festgegammeltes Handbremsseil

Das Handbremsseil zum Ausgleich zwischen linker und rechter Seite gammelt gerne fest, da einmal eingedrungenes Wasser aus dem Bogen nicht abfließen kann. Manchmal bekommt man das Seil nicht mehr heraus und muss das ganze Rohr neu anfertigen (lassen). Eine Bauanleitung findet sich im Kapitel Ersatzteil-Nachbau.
Anmerkung: Das Ausgleichsrohr müsste im Handbremshebel eigentlich drehbar sein. Ich habe aber schon zwei festgerostete Exemplare gesehen. Schraubstock oder großer Abzieher helfen bei der Demontage. Anschließend Rost aus Bohrung und Zapfen entfernen und dann

---

[62] Es ist typischerweise nur die Hinterachse betroffen, da im hinteren Getriebe das Öl deutlich höher steht als im vorderen Getriebe. Das kann man in der Holder A12 Schnittzeichnung gut sehen.

mit Fett wieder zusammenbauen. Das Rohr ist auf der Schlepperunterseite nicht geführt, es wird nur durch die Seil-Enden des 3.5mm Handbremsseils in Position gehalten.

Falscher Öffnungsdruck der Einspritzdüse

Vor allem bei den Direkteinspritzern mit dem hohen Öffnungsdruck kann es vorkommen, dass dieser über lange Zeit durch Setzeffekte in der Feder sinkt (geringere Federkraft, daher niedrigerer Öffnungsdruck). Dann wird es gefährlich für den Motor, da die Einspritzung zu früh erfolgt und – unter anderem – die Pleuelaugenbüchse stark leidet. Später im Buch ist der Einspritzdüsenhalter ausführlich beschrieben.

Pleuellagerung

Die Pleuellagerung ist nicht direkt eine Schwachstelle, verdient aber Beachtung. Sie kann als Folgeschaden einer falsch eingestellten Einspritzdüse stark verschleißen. Die Buchse im Pleuelauge verschleißt eher als die Pleuelfußlagerung. Verschleiß am Pleuelauge äußert sich üblicherweise auch in Form von Spänen auf dem Ölsieb am Ölsumpf[63]. Um die Buchse zu kontrollieren muss man den Zylinder abnehmen[64]. In meinem Fall war die Buchse sogar verdreht, so dass die Ölbohrungen gar nicht mehr passten (vgl. Abbildung 9). Von einer Reparatur in der Hobbywerkstatt rate ich ab. Die beiden Bohrungen im Pleuel müssen absolut genau fluchten, sonst ist eine kurze Motor-Lebensdauer vorprogrammiert. Die Bohrung im Pleuelauge muss z.B. nach dem Einpressen aufgerieben werden[65]. Diese Arbeit sollte man einem Motoreninstandsetzer überlassen.

Abbildung 9: Pleuelaugenbuchse verdreht, Ölbohrung verdeckt (Folgeschaden bei zu niedrigem Öffnungsdruck)

Wenn man die Pleuelaugenbüchse kontrolliert, dann kann man auch das Pleuelfußlager kontrollieren. Es ist als Gleitlager ausgeführt und es gibt zwei Varianten: Zapfendurchmesser

---

[63] Ich vermute, dass für dieses Problem der Direkteinspritzer mit dem höheren Öffnungsdruck anfälliger ist als der Vorkammer-Motor.

[64] Ich habe dazu den Lüfter nicht ganz abgenommen, sondern nur auf die ersten beiden Bolzen gesteckt und mit Muttern gesichert. Dann reicht der Platz, um den Zylinder zu „ziehen".

[65] Auf einachser.org findet man folgende Angaben: „Bolzenspiel im Pleuel 0,08-0,1mm (0,03mm sind zu wenig). Im Kolben Passung H7." Ich habe das einem Fachbetrieb überlassen.

48mm und Zapfendurchmesser 60mm[66]. Ferner gibt es für jede Variante das Standardmaß und 1. und 2. Untermaß[67] des Hubzapfens. Das Maß ist auf der Schalenaußenseite eingeschlagen (vgl. Abbildung 11). In meinem Fall hatte die Lagerschale nicht mehr sauber im Lagerblock geklemmt – vermutlich auch durch den zu niedrigen Öffnungsdruck der Düse und eine Erwärmung der Lagerschale. In Abbildung 10 sieht man rechts die stark verschlissene obere Lagerschale, bei der die Weißmetallschicht schon komplett abgenutzt ist.

Abbildung 10: Verschlissene Lagerschalen (rechts, vermutlich Folgeschaden bei zu niedrigem Öffnungsdruck)

Habe die Schalen dann sicherheitshalber auch getauscht. Die Lagerschale kann man relativ problemlos selber wechseln[68]. Achtung: Sowohl Pleuel als auch untere Lagerbrücke des Pleuels haben eine Einbaurichtung. Diese sowie die Anzugsmomente[69] sind genau in den Sachs 600 Reparaturanweisungen erklärt.

Abbildung 11: Lagerschale in Standard-Maß (Std.)

Marode Elektrik

Da der Schlepper oft nur in der Landwirtschaft oder im Kleingarten eingesetzt wurde hat man der Elektrik oft nicht viel Beachtung geschenkt. Ein Schwachpunkt ist die Gleichstrom-Lichtmaschine, die im Lüftergehäuse eingebaut ist. Reparatur bzw. Ersatz ist teuer. Es gibt

---

[66] Ich vermute, dass die späteren Motoren (Direkteinspritzer) den dickeren Hubzapfen bekommen haben, aus der Ersatzteilliste kann man das aber nicht herauslesen.

[67] Dafür muss der Hubzapfen auf das nächste Maß abgeschliffen werden.

[68] Anzugsmomente und Sicherung der Muttern gemäß Sachs 600 Reparaturanweisungen. Kostenpunkt ca. 140€ für ein Paar Schalen (Februar 2023). Ich habe die Schalen „von unten" durch die Öffnung des Ölsumpfs gewechselt. Man muss dann aber bei der oberen Schale gut aufpassen, dass die Schale lagerichtig (Nase) im Pleuel sitzt. Angenehmer geht der Wechsel natürlich mit abgenommenem Zylinder, so wie es auch im Handbuch steht.

[69] Die Anzugsmomente sind in mkg angegeben. Umrechnungsfaktor auf Nm: 1mgk≈9,81Nm

kleine Lichtmaschinen mit integriertem Regler[70], die man seitlich anbauen kann (in Verbindung mit einem längeren Keilriemen). Die originale Lichtmaschine dient dann nur noch als Lagerung für den Lüfter. Einfacher Test: Bei eingestecktem Zündschlüssel muss die Ladekontrolle leuchten. Wenn der Motor läuft, muss sie ausgehen[71].

Wenn der Glühüberwacher leuchtet kann man davon ausgehen, dass die Glühkerze funktioniert, da beide in Reihe geschaltet sind. Im Zweifelsfall ausbauen, Kabel anschließen und Masseverbindung herstellen (z.B. durch Anlegen des Gewindes an den Zylinderkopf). Wenn man den Vorglühschalter betätigt, muss die Kerze heiß werden und typischerweise vorne etwas rauchen.

Schaltpläne für den Sachs 600 (Schaltkasten, Lichtmaschine, Glühanlage, Anlasser) in verschiedenen Variationen finden sich in den Sachs 600 Reparaturanweisungen. Holder A12-spezifische Schaltpläne finden sich in der A12 Betriebsanleitung.

Schmiersystem des Motors

Das Schmiersystem funktioniert zuverlässig – wenn es richtig eingestellt ist. Siehe dazu auch das Ölpumpen-Kapitel. Von der Ölpumpe kommt – tröpfchenweise – Öl zu den Kurbelwellenlagern. Von dort aus wird das Öl im Motor herumgeschleudert. Ein Teil wird von den Fangrillen an den Kurbelwangen eingefangen und über Bohrungen zum Pleuelfußlager transportiert. Das Kolbenbolzenlager wird durch Ölbohrungen geschmiert, die den Ölnebel / Schleuderöl im Kurbelgehäuse einfangen.

Die Ölpumpe muss also genau so viel Öl liefern, dass die Schmierung bei Volllast noch ausreicht. Andererseits soll sie nicht zu viel liefern, da der Motor sonst zu stark raucht und Ölkohle den Auspuff zu schnell zusetzt.

Es schadet also nicht, bei unbekannter Vorgeschichte des Motors die Ölpumpe einzustellen oder einstellen zu lassen (siehe entsprechendes Kapitel weiter hinten im Buch). Als Faustregel sollte man die Pumpe alle 1000 Betriebsstunden einstellen[72].

Schmierung des Getriebes

Für das „große" Getriebe mit den 6 Vorwärts- und 3 Rückwärtsgängen wurden einige Änderungen am Schmiersystem vorgenommen. Ich vermute die Änderungen betreffen den Fall, dass Zapfwellenleistung entweder im Stand oder nur bei sehr niedriger Geschwindigkeit abgerufen wird (z.B. beim Fräsen). Als „Ölpumpe" dient das Zahnrad des 1. Ganges, das Öl aus dem Vorrat umherschleudert. Dieses wird von einem „Ölabtropfblech" (no. 721)

---

[70] Siehe hierzu beispielsweise die Diskussion im Holder-Forum „Lichtmaschine Hatz E 950, Holder A18, B16, B18, B19 Unterlagen": https://www.myholder.de/modules/newbb/viewtopic.php?topic_id=3893 Dort wird eine 12V/14A Kubota-Lichtmaschine empfohlen und auch die nötige Änderung der Elektrik beschrieben, wenn der Regler in der Lichtmaschine integriert ist. Sollte auch für A12 anwendbar sein. Habe auch eine Bemerkung dazu ins Ersatzteile-Kapitel gepackt.
[71] Bevor man die Lichtmaschine verdächtigt sollte man allerdings Birne und Verkabelung überprüfen.
[72] In der Holder A12 Betriebsanleitung habe ich dazu nichts gefunden. Aber für den HD1-Motor, der als ähnlich angesehen werden kann (zumindest dessen Ölpumpe) wird 1000 Stunden als Einstellintervall angegeben.

eingefangen und mittels zweier Sicken zum vorderen Teil der hinteren Antriebswelle befördert. Ferner wird das Schleuderöl auch von einem „Ölfanglöffel" (no. 731) aufgefangen und in eine zusätzliche kleine „Ölwanne" (no. 732) geleitet. Aus dieser Ölwanne verteilen dann die Antriebsräder der Zapfwelle das Öl, falls diese eingeschaltet ist. Das „große" Getriebe ist also für stationären Zapfwellenbetrieb, beispielsweise an einem Holzspalter, etwas besser geeignet. Ich vermute, dass das „kleine" Getriebe bei diesem Anwendungsfall verschleißanfälliger ist – sonst hätte man keine solch umfangreichen Änderungen am Schmiersystem vorgenommen.

Vibrationsschäden am Motoröltank

Bei den „späteren" A12 ist der Öltank direkt über dem Motor angebracht (vorher war er hinter dem Motor am Rahmen angebracht). Der Öltank über dem Motor ist starken Vibrationen ausgesetzt, insbesondere wenn die Einspritzdüse falsch eingestellt ist. Es können so Risse im Öltank entstehen, die im schlimmsten Fall zu Undichtigkeiten führen können. Dann leckt das Öl von oben über den Motor und wird auch durch den Lüfter angesaugt. Dreck-Öl-Gemisch setzt sich an den Kühlrippen ab und verschlechtert die Kühlung.

Abhilfe: Kühlluftführung inspizieren, Tank austauschen[73], Ölleitungen gemäß Sachs 600 Reparaturanweisungen entlüften.

Abbildung 12: Öltank mit Vibrationsschäden, Tank war undicht

Undichte Ölschaugläser bzw. Ölaugen (no. 90, no. 217, no. 720)

Die Gummis der Ölschaugläser werden hart, und das Schauglas wird undicht und blind. An beiden Getrieben sind 1" (1 Zoll) Schaugläser verbaut, vorne am Geräteträger ¾". Die Altteile idealerweise gleich beim Ölwechsel tauschen durch z.B. Marke ELESA, dann ist wieder viele Jahre Ruhe.

---

[73] Theoretisch könnte man den Tank auch reparieren: Defekte „Flügel" abschneiden, Risse im Tank verschweißen und neue „Flügel" wieder anschweißen. Da eine solche Reparatur sehr zeitaufwändig und das Ergebnis auch wieder vibrationsanfällig ist, rate ich davon ab. Habe über Ebay Kleinanzeigen einen guten gebrauchten Tank finden können via Suchanfrage.

12. NACHBAUTEN VON AUSGEWÄHLTEN ERSATZTEILEN

Hier einige Teile, die ich für meinen A12 benötigt und selbst nachgebaut habe.

Knopf für Start-/Vorglühschalter spröde oder nicht vorhanden

An meinem Schlepper hat der Knopf des Schalters BOSCH 0 343 008 006 gefehlt. Es gibt den Schalter nur komplett nachzukaufen. Ich habe ein 3D-Modell des Knopfes erstellt, welches mit einem 3D-Drucker ausgedruckt werden kann. Das Design kann hier heruntergeladen werden: https://www.thingiverse.com/thing:5175063

Nach dem Ausdruck habe ich das Gewindeloch mit einem Gewindebohrer (Stufe II) nachgeschnitten[74]. Hat bisher schon zwei Jahre gehalten.

Abbildung 13: Startknopf aus dem 3D-Drucker

Klemmplatte des Handbremsseils (no. 335)

An meinem A12 war nur eine Klemmplatte für das Handbremsseil vorhanden als ich ihn kaufte. In der Ersatzteileliste steht, der Rohling ist ein 40x40x5mm Flachstahl. Meine vorhandene originale Klemmplatte war geringfügig größer, nach dieser habe ich eine Zeichnung angefertigt. Habe dann die Zeichnung als Schablone genommen, die Bohrungen und Eckpunkte gekörnt und dann die Kanten angerissen. Habe das Teil dann mit der kleinen Flex ausgeschnitten (dünne Trennscheibe). Die Nut für das Drahtseil hat original 2mm Spaltbreite. Ich habe dies durch Einschnitt mit der 1.5mm Flex-Scheibe simuliert. geht sicherlich eleganter. Dann noch entgraten und die Bohrungen setzen. Erst vorbohren und dann auf 8.5mm aufbohren.

Abbildung 14: Klemmplatte für das Handbremsseil

---

[74] Ich habe absichtlich nur Stufe II und keinen Fertigschneider verwendet, damit das Gewinde etwas strenger geht und sich der Knopf nicht losvibrieren kann.

Schlussendlich habe ich das Teil noch in den Schraubstock eingespannt und mit ein paar Hammerschlägen am Ende etwas aufgebogen (ca. 3mm Abstand von der Unterkante zur Ebene).

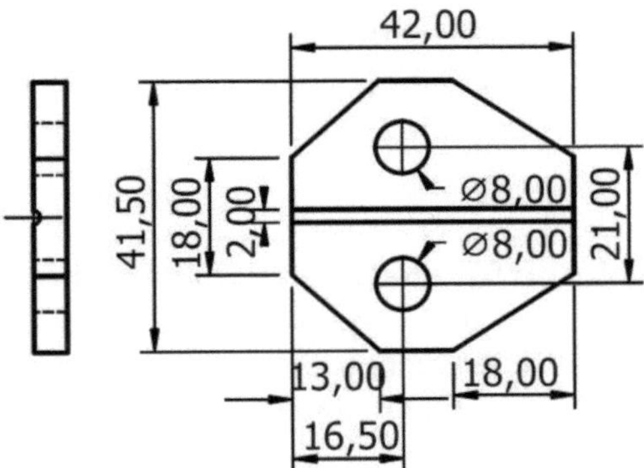

Abbildung 15: Zeichnung Klemmplatte

Nachbau der Flansch-Schrauben für die Gelenkwellen (no. 544)

Die Ersatzteilnummer der Schrauben lautet 544 (M8x25 SW11). Schlüsselweite 11 war ein altes Maß und ist heute schwer zu bekommen. Ersatz habe ich mir mit wenig Aufwand selbst gebaut. Die Basis ist eine M8x45er Inbus-Schraube, Festigkeitsklasse 12.9, so wie sie auch bei modernen Antriebswellen-Verschraubungen von PKWs zum Einsatz kommen. Die Schraube passt wegen des Kopf-Durchmessers nicht in den Flansch. Die folgenden Schritte sind nötig:

1. Spannen der Schraube in einen aus Flacheisen gebogenen Winkel mit 8er Bohrung. Der Winkel dient als Führung während des Schleifens
2. Auf dem Schleifbock (Winkelschleifer geht zur Not auch) mit grober Schleifscheibe auf 12.3mm (gemessen vom ursprünglichem Außenradius bis zur "abgeflachten" Stelle) abschleifen. Auf Parallelität achten bzw. "oben" und "unten" messen.
3. Ablängen der Schraube auf der Drehbank, indem man vorsichtig mit dem laufenden Winkelschleifer „absticht". Ohne Drehbank geht zur Not auch.

Die Schraube sitzt verdrehsicher wie das Original im Flansch und die Sicherungsmethode mit den Sicherungsblechen auf den Muttern klappt problemlos. Allerdings musste ich die Schrauben bei abgenommenem Flansch einbauen, da die Köpfe höher sind. Wer auf Demontierbarkeit der Schrauben bei eingebautem Flansch Wert legt, der kann auch Sechskantschrauben als Basis nehmen und dann eine Seitenfläche abschleifen, so dass die Schraube in den Flansch passt. Nötigenfalls auch noch den Schraubenkopf etwas abschleifen.

Abbildung 16: Angeschliffene Schraubenköpfe

Muttern für die Gelenkwellen-Schrauben (no. 546)

Genau wie bei den Schrauben ist es auch bei den Muttern heute problematisch, M8 mit Schlüsselweite 11 zu finden. Glücklicherweise wurden sie auch an alten Vespas benutzt, um die Felgenhälften zusammenzufügen. Daher finden sich bei einigen Vespa-Händlern solche Muttern zum relativ günstigen Preis. Google-Suche à la "Mutter M8 SW11 verzinkt Felge Vespa <'59" sollte helfen.

Nachbau der Sicherungsbleche für die Gelenkwellen-Schrauben (no. 545)

Hier eine kleine Anleitung wie man die Sicherungsbleche für die Gelenkwelle nachbauen kann. Ich habe 1mm dickes Blech verwendet. Die pdf-Datei mit der Schablone kann man unter https://www.thingiverse.com/thing:5233972 herunterladen[75]. Der Nachbau funktioniert so:

1. Schablone ausdrucken und die Außenkontur grob ausschneiden
2. Das Papier mit durchsichtigem Klebeband auf das Blech kleben
3. Die Bohrungsmittelpunkte körnen
4. Die zwei Löcher vorbohren (ca. 3mm, dann 8.5mm)
5. Mit der Blechschere die Form ausschneiden
6. Mit der Feile die Grate entfernen

Bevor man ans Blech geht kann man ja mit der Papierschablone probieren, ob es am Flansch gut passt.

Bemerkung: Das Bild zeigt das Sicherungsblech mit Muttern mit 13er Schlüsselweite. Ich dachte erst, ich bekomme die auch hinein in die Gelenkwelle, aber sie passen nicht. Es müssen welche mit 11er Schlüsselweite sein.

Abbildung 17: Sicherungsbleche für Gelenkwelle

Nachbau der Korkunterlage (no. 106)

Die Korkunterlage unter dem Diesel-Tank fehlt oft, oder ist nur noch in Fragmenten vorhanden. Nachbau ist einfach: Bastelkork der entsprechenden Stärke kaufen (gibt's z.B. bei Ebay. Ich habe 4mm Dicke genommen, original sind 4,5mm. Es müssten auch 5mm hineinpassen). Dann auf 36x185mm zuschneiden. Fertig. Ich habe meine 40mm breit geschnitten, passt auch ohne Probleme.

---

[75] Bitte die Schablone zuerst prüfen, bevor man sie nachbaut. Manche Drucker drucken nicht 100% im korrekten Maßstab. In den Druckeinstellungen von Adobe Reader kann man dies korrigieren, indem man einen Vergrößerungsfaktor einstellt.

Abbildung 18: Korkunterlage für den Dieseltank

Nachbau des Ölsieb-Einsatzes (no. 29 für Motoren mit mechanischer Ölrückführung)

Mein Ölsieb war defekt und hatte große Löcher. Die Funktion des Siebes ist meiner Meinung nach, dass das Öl aus dem Ölsumpf nicht hochschwappen und somit kein Öl aus dem Sumpf verbrannt werden kann. Der Motor könnte sonst bei hoher Drehzahl Öl aus dem Ölsumpf ansaugen und „durchgehen".

Ich habe den Ring des alten Siebes vorsichtig mit einem kleinen Schraubendreher aufgebogen, das alte Gitter herausgenommen und ein neues Gitter[76] eingelegt. Anschließend habe ich den Metallring im Schraubstock rundum wieder fest zusammen gebogen[77].

Ich habe Kupfergitter mit Maschenweite 0.6mm genommen (3 Lagen, zueinander "verdreht"). Besser ist wohl das originale Messinggitter mit ca. 0.5mm Maschenweite zu verwenden (ebenfalls dreilagig). Das Messinggitter findet man für kleines Geld im Internet mit der Suche "Feines Messinggitter für Modellbau (Drahtgitter, Drahtgewebe)".

Abbildung 19: Ölsieb für Motoren mit mechanischer Ölrückführung

Zwischenring (no. 314 bzw. 914)

Wenn man die Achsdichtungen tauschen will ohne den Achstrichter zu demontieren muss man mit einem angespitzten Schraubenzieher oder ähnlichem den Zwischenring entfernen um den O-Ring darunter tauschen zu können. Dabei wird der Zwischenring zerstört und muss aus Stahl neu angefertigt werden (inkl. der Fasen für O-Ring und Simmerring, Außendurchmesser 49.91-50.06mm), vgl. Skizze in Abbildung 20. Für bessere Verschleißfestigkeit kann man anschließend ein SKF Speedi Sleeve vorne bündig aufziehen und den Montage-Flansch entfernen. Ein so gefertigter Ring ist besser als neu.

---

[76] Habe mit dem Bleistift auf dem Gitter den Außendurchmesser des Metallrings angezeichnet und einfach auf der Innenseite des Striches mit einer stabilen Schere ausgeschnitten.

[77] Zur Not geht auch eine Zange. Das Ergebnis wird im Schraubstock aber besser.

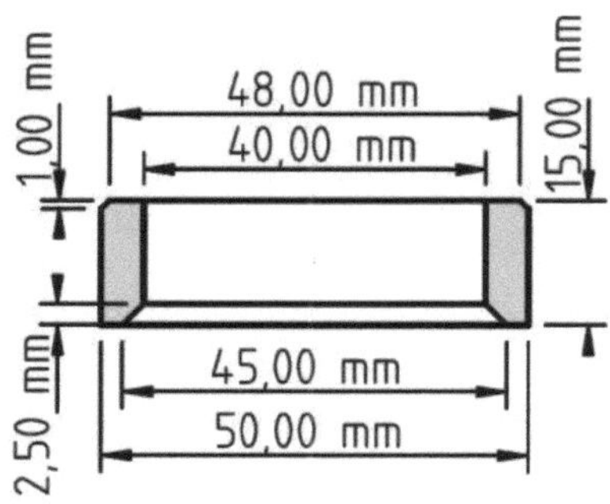

Abbildung 20: Schnitt durch Zwischenring no. 314 bzw. no. 914

Ersatz des Handbrems-Ausgleichsseils (no. 442)

Das Bowdenseil mit Ersatzteilnummer 442 für das "Ausgleichsrohr", Ersatzteilnummer 441, kann man wie folgt ersetzen. Laut Ersatzteilliste hat es 3.5mm Durchmesser und ist 80cm lang.

Die genaue Konstruktion des Seils ist dabei in der Ersatzteilliste nicht spezifiziert. Ich habe nun als Konstruktion ein 1x19er genommen. Bemerkung: 1x19 ist etwas starrer, 7x7 wäre flexibler, z.B. für Gaszug, der um einen engen Radius gewickelt werden muss. Allerdings gibt's 7x7 nicht in 3.5er Durchmesser. Die Biegsamkeit des 1x19er Seils ist meiner Meinung nach für diesen Anwendungszweck völlig ausreichend. 1 Meter Seil kostet z.B. bei www.bowdenzug24.com 3,90 € + 4,65 Versandpauschale (Stand 11/2021).

Es ist allerdings gar nicht so einfach, wieder ein Seil in das Ausgleichsrohr hineinzubekommen. Ich habe mir folgenden Trick ausgedacht:

1. Seil mit einem Ende in den Akkuschrauber spannen, Futter gut festziehen.
2. Drehrichtung vom Akkuschrauber so wählen, dass sich das Seil nicht "aufdröselt"
3. Seil vorne ca. 5cm fetten
4. Mit Drehbewegungen vorsichtig das Seil 5cm einführen[78], dann wieder weiter bei 3.

Vorsicht: nicht zu schnell drehen, Seil neigt zum "Peitschen".

Nachdem das Seil durchgezogen ist habe ich das vordere Stück, das ja zum Einführen gefettet wurde, mit Bremsenreiniger entfettet, damit es in der Klemmung später nicht rutschen kann.

Handbrems-Ausgleichsrohr nachbauen

Das neue Rohrstück (Hydraulikrohr 12x1.5mm, 650mm lang, Radien jeweils 50mm) kann man für ca. 50€ (Stand März 2022) beim lokalen Hydrauliker biegen lassen (beispielsweise bei https://www.hansa-flex.com). Anschließend müssen die Enden noch etwas abgelängt werden. Die Reparatur läuft dann wie folgt. Als Vorbereitung muss man die alten

---

[78] Achtung: bei mir blieb das Seil fast ganz am anderen Ende stecken, da ein Schweißpunkt im Rohr nach innen "überstand". Da konnte ich mit einem kleinen Schraubendreher das Seil darüber heben.

Anschlussteile "recyclen", das neue Rohr wird dann in die alten Anschlussteile eingeschweißt:

1. Altes Rohr um die Aufnahmen möglichst kurz abschneiden
2. Ein Rohrende entgraten
3. 9.5er Dorn in Bohrfutter der Standbohrmaschine einspannen und damit das Teil im Schraubstock zentrieren und Schraubstock am Bohrtisch festschrauben
4. Dann ganz langsam mit unterschiedlichen Bohrern bis auf 12.5mm (evtl. gehen auch 12mm) aufbohren
5. Mit der Feile die Reste der alten Schweißpunkte wegfeilen
6. Das gebogene Rohr kommt dann in die alten Halterungen und wird mit je vier Schweißpunkten fixiert. Ich würde den Handbremshebel ausbauen, zusammenbauen und diesen als Lehre beim Zusammenschweißen verwenden.

Holder-Experte Friedbert Planker empfiehlt des Weiteren ein kleines Loch in das Rohr zu bohren, eine M6er Mutter anzuschweißen und dann einen Schmiernippel anzubringen. So kann das Seil nicht mehr festgammeln.

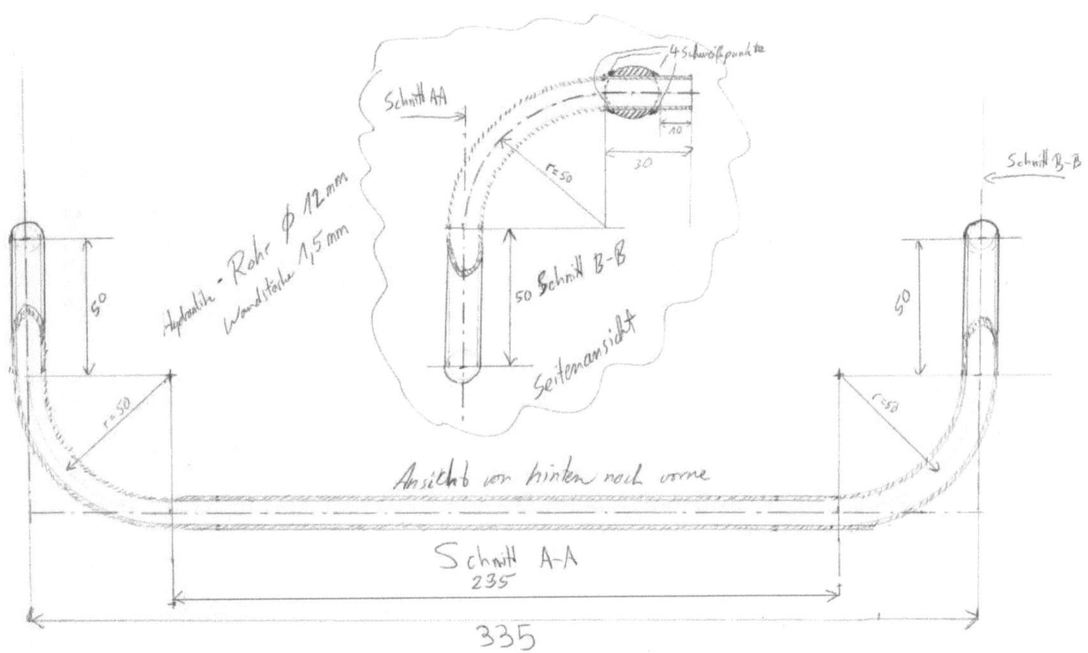

Abbildung 21: Ausgleichsrohr für das Handbremsseil

Drehstromgenerator statt Gleichstrom-Lichtmaschine

Original-Ersatz für die Lichtmaschine im Lüfter ist teuer. Friedbert Planker hat eine kleine Nippon Denso Lichtmaschine seitlich angebaut, die mit einem längeren Keilriemen mit angetrieben wird. Ich denke es reicht eine kleine Version[79], wie sie z.B. in Minibaggern

---

[79] Original gibt es 20W und 90W Gleichstrom-Lichtmaschinen für den D600L Motor. Also 1.66A und 7.5A. Das heißt 12V/14A reichen locker aus. Allerdings benötigen die kleinen 12V/14A Maschinen einen externen Regler. Einfacher gestaltet sich der Umbau auf Generator mit integriertem Regler.

eingesetzt wird[80]. Man muss nur die Halterung anfertigen. Sie kann fix sein, die Riemenspannung kann nach wie vor über die Beilagscheiben am Lüfter erfolgen. Oder man führt die Halterung schwenkbar aus, dann kann man so den Riemen spannen. Der elektrische Anschluss erfolgt bei integriertem Regler so[81]: Kabel D+ (Ladekontrollleuchte) des Traktors am D+ des Generators. Verbindung B+ des Generators an Dauerpulspol des Anlassers (oder an Pluspol der Batterie) mit mind. 4mm² Kabel. Die restlichen Kabel am Traktor können isoliert werden. Sie werden nicht benötigt.

13. EIGENBAU GERÄTEANBAUVORRICHTUNG UND DREIPUNKTAUFNAHME

Will man den Traktor mit „normalen" Geräten nutzen, die nicht Holder-spezifisch sind, so bietet sich der Nachbau einer Kat 1N Dreipunktaufnahme an. Ich habe eine Befestigung für die Holder Geräteanbauvorrichtung gebaut, so kann man den Dreipunkt-Kit schnell und einfach an- und abbauen. Einzig die Oberlenker-Befestigung habe ich fix angeschraubt, da ich das normale Zugmaul eigentlich nicht nutze.

Basis für den Eigenbau bildet ein China-Dreipunktkit, den es preisgünstig im Internet (z.B. eBay[82]) gibt. Preis liegt für zwei Unterlenker, zwei Hubstreben und einen Oberlenker bei ca. 100 € (Stand Januar 2023).

Bau der Adapter-Platte

Ich habe einen Adapter für den Dreipunkt-Kit gebaut, der auf die Holder Geräteanbauvorrichtung passt. Basis waren die exzellenten Vorarbeiten von Franz (e-Berger) aus dem Holder-Forum. Der Bohrungsabstand der zwei 30mm Bohrungen ist kritisch. Er muss auf +/- 0.1mm passen, da man sonst den Adapter nicht auf die Anbauvorrichtung stecken kann. Ich habe mir dafür eine Schablone gebaut (aus zwei Teilen, die auf die Geräteanbauvorrichtung gesteckt verschweißt wurden). Damit kann man wie folgt die Bohrungen mit einer Magnetbohrmaschine herstellen:

1. Loch für 1. Bohrung bohren
2. Bohrkrone ausspannen und in Bohrung und Bohrschablone stecken (oder genau passenden[83] Dorn benutzen)
3. Schablone ausrichten und mit Schraubzwingen festspannen
4. Bohrkrone wieder einspannen, Bohrmaschine in die Schablone stecken und Magneten einschalten
5. Die zweite Bohrung bohren

---

[80] Beispielsweise evtl. AS-PL A6212. Wichtig ist, dass sie klein genug ist, damit sie seitlich unter die Motorhaube passt. Habe den Umbau selbst allerdings noch nicht durchgeführt.

[81] Siehe z.B. http://holder-schlepper.de/technik.htm

[82] Ich habe diesen Kit bei Ebay gekauft: „Iseki & YANMAR Dreipunktkit 500mm Kat.1 Dreipunktaufhängung Kit 31105500 Traktor". Er hat ca. 520mm Mittenabstand der Unterlenkerbohrungen. Innenabstand der Unterlenker im angebauten Zustand etwas über 400mm (Kat 1N). Durchmesser der Welle 22mm. Mit der 600mm Variante kommt man beim Innenabstand etwas näher an die Kat 1 Maße, allerdings wird dann auch der Abstand zwischen Traktor und Arbeitsgerät relativ groß und man bekommt leichter ein Problem mit dem Schwerpunkt.

[83] Ein Dorn muss genau 30mm Durchmesser haben. Wenn er zu klein ist, dann passt hinterher der Bohrungsabstand wieder nicht. Die Bohrkrone passt ziemlich sicher.

6. Erst wenn beide Bohrungen gesetzt sind schneidet man das Flacheisen ab

Alternativ kann man die Bohrungen auf einer Bohr-Fräsmaschine herstellen oder einfach größer bohren (z.B. 31mm), das sieht meiner Meinung nach allerdings nicht so schön aus.

Abbildung 22: Flacheisen mit Bohrschablone

Dreipunkt-Adapter

Heraus kommt ungefähr eine KAT 1N[84] Aufnahme (also KAT 1 narrow – ist schmaler als die normale KAT 1 Aufnahme). Da ich selbst keinen so großen Senker für die Bohrungen habe,

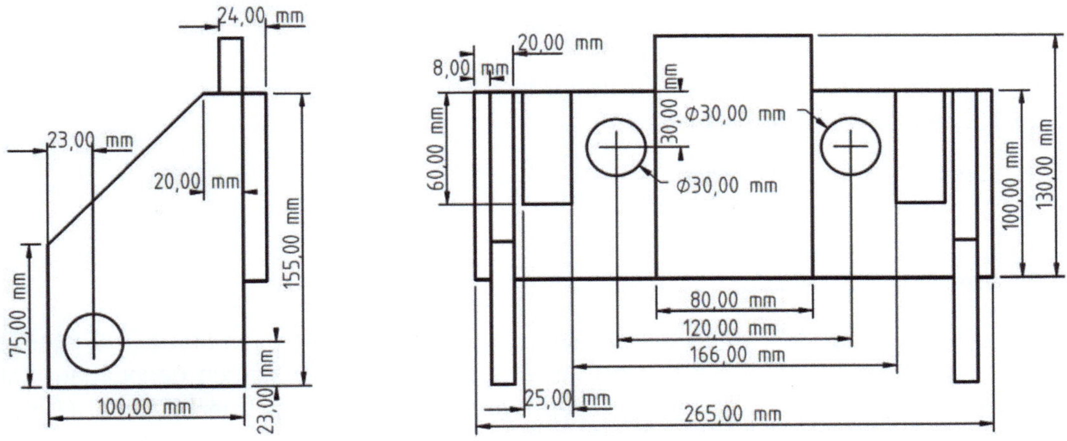

Abbildung 23: Adapter für Dreipunkt-Unterlenker

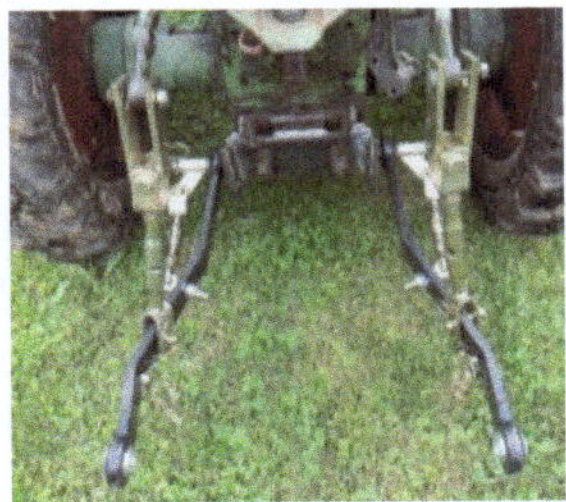

Abbildung 24: Heckansicht der Kat 1N Unterlenker

---

[84] Das PDF mit der ISO 730 Spezifikation findet man derzeit mit der Google Suche "ISO 730 pdf" (Stand Januar 2023). Demnach hat KAT 1 bei ansonsten identischen Maßen 68.3cm Unterlenker-Innenabstand, KAT 1N aber nur 40cm.

habe ich die Idee von Franz aus dem Holder-Forum (e-Berger) übernommen, den Adapter „zweistöckig" zu bauen. Der Adapter braucht eine Senkung oder einen Freistich, damit er über die Schweißnaht der Anbauvorrichtung passt. Dadurch, dass der Adapter aus zwei „Lagen" 12mm Flacheisen entsteht, kann man leicht für die entsprechenden Aussparungen sorgen. Dies kann man gut in Abbildung 25[85] sehen.

Abbildung 25: Adapter für Dreipunkt-Unterlenker in "zweistöckiger" Bauweise

Stückliste für Unterlenker-Adapter (Flacheisen z.B. St52-3, 12mm stark):

1x 265mm x 100mm für Grundplatte

2x 155mm x 100mm für Seitenteile

1x 130mm x 80mm für Unterlage

2x 25mm x 60mm für Unterlage

Oberlenker-Aufnahme

Für die Oberlenker-Aufnahme bin ich weitgehend dem Vorschlag von Franz (e-Berger) aus dem Holder-Forum gefolgt. Ich habe nur etwas andere Abmessungen genommen, damit man sowohl Adapter als auch Oberlenker-Aufnahme mit dem gleichen Material (12mm x 80mm bzw. 12mm x 100mm Flachstahl z.B. St52-3) bauen kann.

Ich habe mich für eine Oberlenker-Aufnahme statt des Zugmauls entschieden, da ich dieses nicht benötige. Manchmal sieht man auch ein in das Zugmaul eingestecktes Y-Stück, dann braucht man aber einen extrem kurzen Oberlenker, damit das Anbaugerät waagrecht steht.

Bemerkung: Auf dem Bild der Oberlenker-Aufnahme ist ein Prototyp zu sehen, bei dem die Seitenteile aus 80mm x 100mm Stücken gefertigt sind. Die überstehenden 10mm stören in der Praxis nicht. In der Zeichnung der Oberlenker-Aufnahme ist der Innenabstand 65mm (gemäß KAT 1N). Damit ist der Abstand zu den Schraubenköpfen sehr gering. Dann passen nur Inbus-Köpfe. Man kann den Innenabstand aber auch etwas kleiner ausfallen lassen. Ich

---

[85] Die Abbildung 25 zeigt meinen Prototyp. Die aktuelle Zeichnung in Abbildung 23 ist leichter herzustellen, da man einen Freiheitsgrad weniger hat (Seitenteile werden an die Grundplatte angeschlagen)

habe bei meinem Prototyp nur 50mm genommen, was für meine Oberlenkerbuchse mit 45mm völlig ausreichend ist.

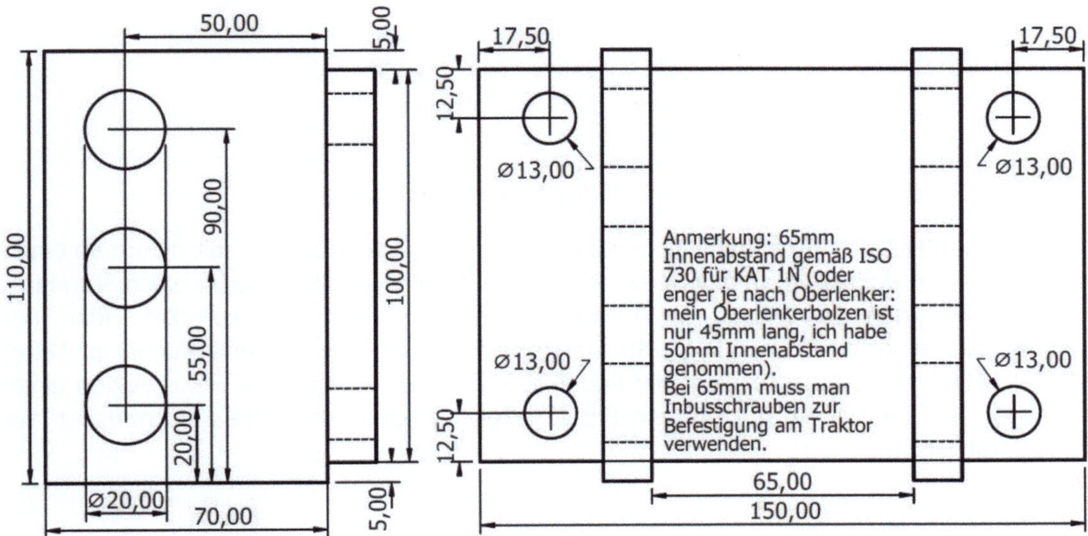

Abbildung 26: Oberlenker-Aufnahme

Abbildung 27: Oberlenker-Aufnahme statt des Zugmauls montiert

Stückliste für Oberlenker-Adapter (Flacheisen St52-3, 12mm stark):

1x 150mm x 100mm für Grundplatte

2x 110mm x 70mm für Seitenteile

Zapfwelle

An die Eigenbau-Dreipunkt-Aufnahme kann man auch angetriebene Geräte hängen. Die Zapfwelle des A12 hat 34.8mm Durchmesser, also 1 3/8 Zoll. Bezeichnung 1 3/8' Z6, siehe Abbildung 28. Rechtsdrehend[86]. Dafür gibt es z.B. bei Ebay günstige China-Wellen.

---

[86] Also im „Uhrzeigersinn", wenn man von hinten auf den Schlepper schaut.

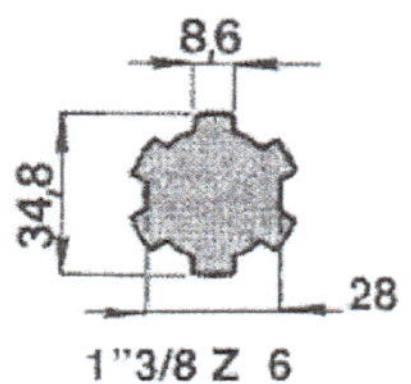

Abbildung 28: Zapfwelle Holder A12

PKW-Anhängekupplung an der Geräteanbauvorrichtung

Nach dem gleichen Muster habe ich einen Adapter gebaut (ohne ABE), mit dem man einen normalen PKW-Anhänger an den Holder A12 kuppeln kann. Ich habe hierfür einen Standard-Kugelkopf[87], den es günstig im Internet gibt, verwendet. Die korrekte Höhe der Anhängekupplung sollte laut DIN 74058 zwischen 350mm und 420mm (Kugelkopf-Mitte) liegen. Mit meinem Adapter liegt die Kugelkopf-Mitte bei 400mm. Die Fotos zeigen einen Prototyp, bei dem als Abstützung ein IPE 120-Rest verbaut wurde. Die Zeichnung ist hier noch stabiler ausgeführt.

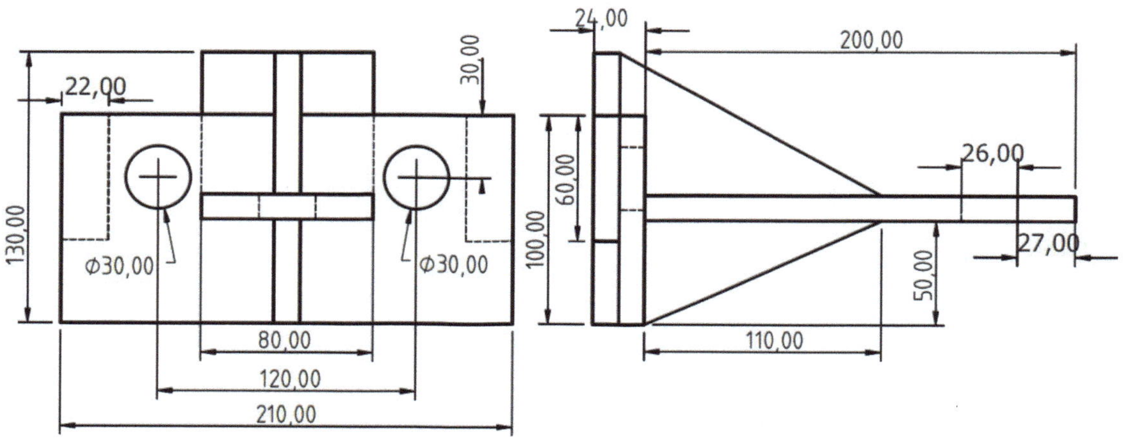

Abbildung 29: Anhängekupplungs-Adapter

Abbildung 30: Anhängerkupplungsadapter für Geräteanbauvorrichtung

---

[87] Suchbegriff bei google: „Kugelkopf Anhängerkupplung Ackerschiene". Kostet ca. 25€ inkl. Versand (Stand Januar 2023)

46

Abbildung 31: Kupplung angebaut am Schlepper

Stückliste für PKW-Anhängekupplungs-Adapter (Flacheisen St52-3, 12mm stark):

1x 210mm x 100mm für Grundplatte

1x 130mm x 80mm für Unterlage

2x 22mm x 60mm für Unterlage

1x 122mm x 100mm für Abstützungen (diagonal auseinander- und dann zuschneiden)

Bauvorschlag für Palettengabel

Wenn man die Dreipunktaufnahme hat, dann erweist sich eine Palettengabel als nützliches Helferlein. Basis war bei mir 120x60x4mm Rechteckrohr, das ich noch übrig hatte. Die Anschlüsse wurden aus 80x12mm Flachstahl hergestellt. Ich wollte erst eine verstellbare Gabel bauen, aber eine feste macht deutlich weniger Arbeit. Die 56,5cm Zinkenabstand sind ein guter Kompromiss. Damit kann man Paletten längs und quer aufnehmen. Hatte schon 216kg Nutzlast drauf (Pflastersteine), funktioniert ohne Probleme. Habe die Rohre, wie in der Zeichnung zu sehen, etwas überstehen lassen, damit ich sie rundum mit einer Kehlnaht verschweißen konnte.

Es gibt im Holderforum noch einen Bauvorschlag aus einem ausrangierten Hubwagen, an dem man entsprechende Befestigungslaschen anschweißt. Wenn man einen alten Hubwagen bekommt ist das sicher eine Alternative, die sich schneller bauen lässt.

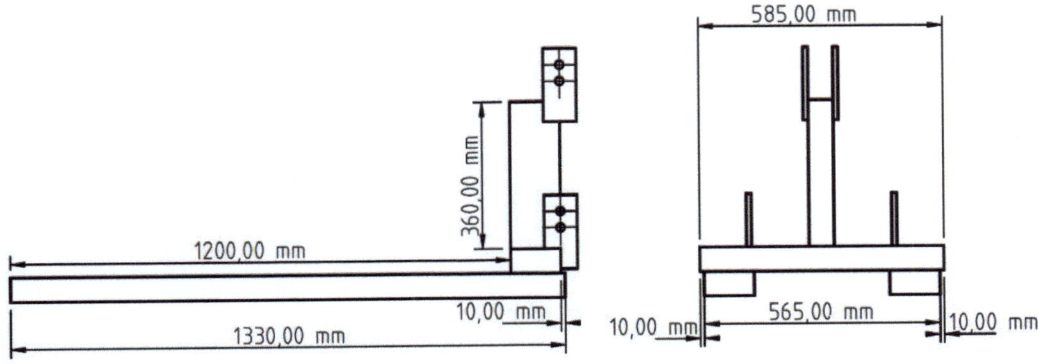

Abbildung 32: Skizze Palettengabel

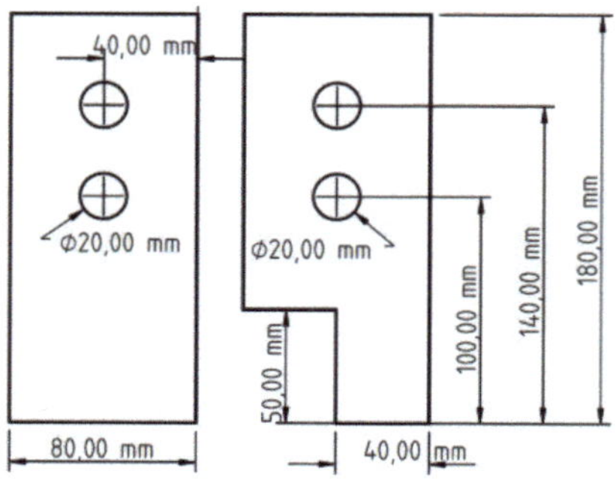

Abbildung 33: obere und untere Laschen für Palettengabel (12mm stark)

Abbildung 34: Palettengabel im Einsatz

14. ÖLPUMPE BOSCH/IVO

Es gibt zwei Bosch-Pumpen: eine einfache, die nur Öl in den Motor hineinpumpt, und eine doppelte, die das Öl sowohl hineinpumpt als auch wieder aus dem Ölsumpf herauspumpt. Die Öl- und Schmierpumpen der Fa. Bosch wurden Anfang der 1960er Jahre von der Joseph Vögele AG (IVO) ins Fertigungsprogramm übernommen. Mittlerweile wurden die Pumpen und Konstruktionsunterlagen an SKF Lubrication übergeben.

Abbildung 35: Doppelt wirkende IVO Ölpumpe am Sachs

Bei der Pumpe SP/G 03/30 RA26 handelt es sich um eine modifizierte Standardausführung einer SP/G 04/30A1. Dabei wurden folgende Änderungen durchgeführt:

- Umbau auf 3 Auslässe
- 2 unabhängige Saugbohrungen
- 2 Auslässe paarweise mit Einstellschraube regelbar (das sind die, die zu den zwei Kurbelwellenlagern führen)
- Dritter Auslass durch eingesteckten Hubstift auf Vollhub eingestellt.

Das Fördervolumen bei einem vollen Kolbenhub beträgt 0,057cm³. Pro Umdrehung werden zwei Kolbenhübe durchgeführt. Durch das Schneckenrad beträgt die Übersetzung 30:1. Damit ergibt sich auf die von Holder am Prüfstand vorgeschriebenen 2110 Umdrehungen der Pumpe ein maximales Fördervolumen von (2110/30)·2·0,057cm³=8,018cm³, also rund 8ml[88].

Die Fördermenge wird größer beim Rechtsdrehen und kleiner beim Linksdrehen der Verstellschraube. Eine Raste der Verstellschraube ändert das Volumen im Prüfzyklus (2110 Umdrehungen) um ca. 0,24ml. Die Verstellschraube ist original vergossen. Sie wird im eingebauten Zustand von der Ölleitung zum vorderen Kurbelwellenlager verdeckt.

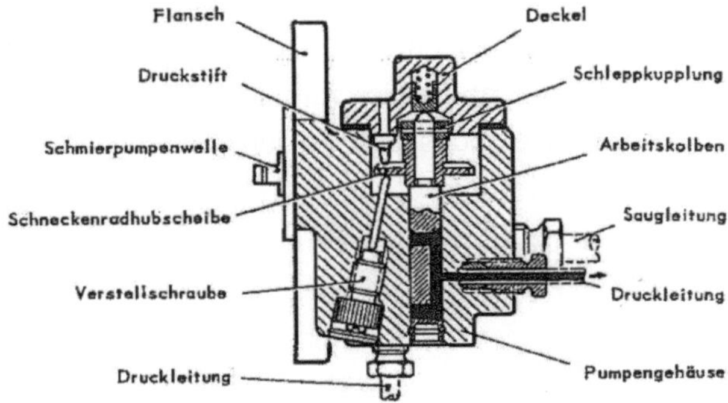

Abbildung 36: Schnittzeichnung der Ölpumpe (Quelle: SKF Lubrication Systems Germany GmbH)

Achtung: Idealerweise vor der Messung die Pumpenelemente herausnehmen, reinigen, einölen und wieder zusammenbauen. Bei der doppelt-wirkenden Pumpe kann man nur den Kolben in Richtung zum Motor einstellen. Der Kolben für die Rückförderung zum Öltank läuft immer mit vollem Hub. Bitte vor jedem Prüfen der Ölpumpe zumindest den Rück-Kanal öffnen und alles (auch die Zulaufbohrung) reinigen. Im Kolben selbst befindet sich eine kleine Bohrung. Diese muss ebenfalls sauber sein, sonst bekommt man völlig falsche Messwerte!

Die Bezeichnung Bosch SP/GO3/30AV (erwähnt in der Sachs 600 Bedienungsanleitung) ist offenbar ein Tippfehler. Richtig ist SP/G03/30AV. Die 0 steht für 0 mit Verstellwelle - also lastabhängig - veränderbare Auslässe. Die 3 steht für die Anzahl der Auslässe, die mit Einstellschraube eingestellt werden (das stimmt hier nicht ganz, da nur zwei paarweise eingestellt werden können. Der dritte Auslass für den Rücklauf läuft ja immer mit Vollhub). Die 30 steht für Übersetzung 30:1 (es gab anscheinend auch 170:1 Varianten – aber nicht für Sachs/Holder).

---

[88] Die 8ml sind der theoretisch maximale Wert. Sollten Sie beim Test deutlich mehr Öl messen, dann stimmt wahrscheinlich etwas beim Messaufbau nicht.

Herleitung der Pumpen-Einstellwerte

Ich habe keine Original-Quelle gefunden, die genau die Ölmenge für den Sachs D600L beschreibt. Es gibt bei Einachser.org[89] eine Einstell-Anleitung für die HD1-Pumpe, die von der Machart her sehr ähnlich aufgebaut ist. Daraus leite ich die Werte für die doppeltwirkende Pumpe ab (8ml auf 2110 Umdrehungen in jede Richtung). Das hat sich auch beim Nachmessen meiner Pumpe auf dem Prüfstand bestätigt.

In einer Forumsdiskussion der Holderfreunde[90] habe ich den Wert für die einfach-wirkende Pumpe gefunden. Argumentiert wird hier durch eine 1,2-fache Menge im Vergleich zum Sachs 500 Motor. Hier sollte man meiner Meinung nach 4,65ml einstellen (was auch dem alten HD1-Wert entspricht). Dies muss ausreichen, auch wenn der Motor Vollgas läuft. Man kann natürlich auch mehr Öl einstellen, aber muss mit den negativen Folgen leben (Qualm, Öltropfen aus dem Auspuff, schnelleres Zusetzen des Auspuffs und Auslassschlitzes).

Achtung: Vor dem Prüfen der Ölpumpe auf dem Prüfstand sollte diese von eventuellen Verstopfungen (Kolbennuten, Kolbenbohrung, Zulaufbohrung, Ablaufbohrung) befreit werden. Bei doppeltwirkenden Pumpen ist hier vor allem der Rücklauf anfällig, da hier Ruß, Abrieb etc. aus dem Kurbelgehäuse angesaugt werden können.

Abbildung 37: Ölpumpenkolben

Öffnen der Pumpe, Zusammenbau, Einbau im Schlepper

Man kann problemlos den mit zwei Schrauben befestigten Deckel abnehmen und den darunter liegenden Kolben herausziehen und inspizieren. Man muss nur aufpassen, dass man den kleinen Stößel und die Feder nicht verliert.

Abbildung 38: Unterer Deckel der Ölpumpe

---

[89] http://www.einachser.org/holder/Holder/HD1-oelpumpe.htm (zuletzt geprüft Januar 2023)
[90] https://forum.holderfreunde.de/viewtopic.php?f=25&t=9205&p=30224&hilit=%C3%B6lpumpe +einstellen#p30224 (zuletzt geprüft Januar 2023)

Beim Zusammenbau habe ich eine neu angefertigte Papierdichtung eingebaut (Dicke beachten) und zusätzlich habe ich Dirko HT verwendet[91]. Aufpassen, dass der Deckel richtig montiert wird (Zapfen im Deckel muss auf dem Zapfen im Gehäuse zum Liegen kommen). Wenn beim Auffüllen der Ölleitungen am Motor (gemäß Sachs D600L Reparaturanweisung, habe ich mit einer kleinen Spritze erledigt) Widerstand spürbar ist, dann unbedingt den Ölkanal kontrollieren. Bei mir war der in Richtung vorderes Kurbelwellenlager verstopft. Also im Falle des Falles den Ölkanal vom Motor abschrauben und reinigen.

Beim Zusammenbau neue Kupferringe verwenden. Günstige Sortimente gibt's bei Ebay.

Weitere Informationen

Es gibt verschiedene doppeltwirkende Pumpen: IVO/Vögele SP/G03/30/RA26 (erwähnt in der Sachs 600 ET-Liste), Bosch SP/GO3/30AV (erwähnt in der Sachs 600 Bedienungsanleitung) und BE-KA, die obige Beschreibung dürfte prinzipiell für alle passen.

Ölpumpenprüfstand mit Schrittmotor-Steuerung

Man kann sich mit überschaubarem Aufwand einen einfachen Ölpumpenprüfstand bauen. Man benötigt dazu:

- 1x Flansch zur Befestigung von Pumpe und Motor (3D-Druck Teil)
- 1x Mitnehmer zur Kopplung von Motorwelle und Ölpumpe (3D-Druck Teil)
- 1x Nema 17 Schrittmotor
- 4x Senkkopfschrauben
- 1x Schrittmotor-Treiber, z.B. A4988
- 1x Mini-PC (Arduino, ESP8266 o.ä.)
- 1x Elko zum Glätten der 12V Spannung
- 1x Platine
- 1x 12 V 1000mA Netzteil
- 1x USB-Netzteil für Mini-PC
- Kabel zur Verdrahtung
- Für den Betrieb: durchsichtiger Kraftstoffschlauch, kleine Spritzen mit Skala, Öl

Das Prinzipschaltbild ist in Abbildung 39 angegeben. Die 3D-Druck Dateien für Flansch und Mitnehmer sowie das Programm, das den Motor drehen lässt, finden sich unter https://www.thingiverse.com/thing:5635104

Bemerkung: es empfiehlt sich, eine Blech-Schale (oder im einfachsten Fall ein größeres Stück Karton) unterzulegen, da sicherlich etwas Öl irgendwo heraus leckt.

Achtung: Wenn man auf den Schrittmotor sieht, muss dieser sich gegen den Uhrzeigersinn drehen. Dies entspricht der Drehrichtung am Sachs D600L Motor. Wenn der Schrittmotor verkehrt herum dreht, dann muss man nur den Stecker des Schrittmotors um 180° verdreht aufstecken.

---

[91] Nicht zu viel auftragen, so dass keine Dichtungsmasse in die Pumpe gelangt.

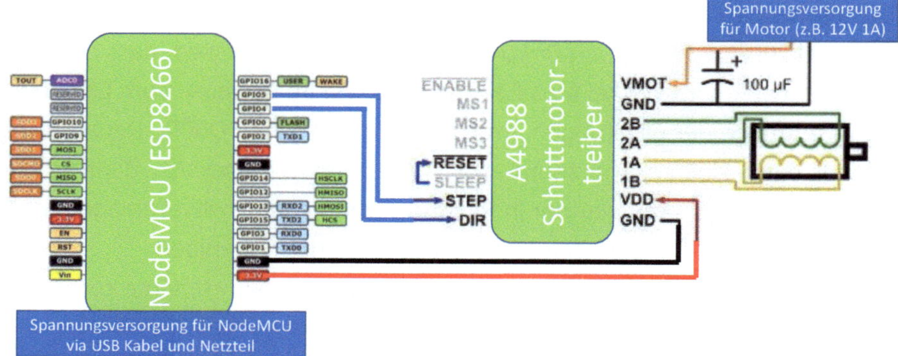

Abbildung 39: Schaltbild des Ölpumpentesters

Abbildung 40: Ölpumpenprüfstand

Abbildung 41: Flansch und Mitnehmer

Das Programm auf dem Mini-PC dreht den Motor (und somit die Ölpumpe) 2110 Umdrehungen in ca. 15 Minuten durch. Anschließend misst man die Ölmenge nach und stellt gegebenenfalls die Pumpe ein. Vor einem Prüf-Durchlauf immer dafür sorgen, dass die Öl-Zulauf-Leitungen entlüftet (blasenfrei) sind. Wie im Kapitel Ölpumpe beschrieben empfehle ich deren Reinigung, da Verschmutzungen zu falschen Messresultaten und daher falscher Einstellung der Pumpe führen. Bitte bei den doppeltwirkenden Pumpen unbedingt beide Richtungen pumpen lassen (und in getrennten Behältnissen auffangen). Auf keinen Fall während der Messung eine Förderrichtung „trocken" laufen lassen.

Ölpumpenprüfstand mit drehzahlgeregelter Bohrmaschine

Holder A12-Fahrer Markus Schuh hat mir einen alternativen Bauvorschlag geschickt, der noch einfacher zu realisieren ist: Er verwendet eine drehzahlgeregelte Standbohrmaschine mit Digitalanzeige[92]. Als Mitnehmer verwendet er ein ins Bohrfutter eingespanntes Rundholz, das unten geschlitzt ist. Als Halter für die Pumpe verwendet er einen Holz-Winkel im Bohrschraubstock (vgl. Abbildung 42). Wenn man die Drehzahl z.B. auf 150 U/min einstellt, dann muss man den Test nach 2110/150=14,07 Minuten stoppen und die Fördermenge messen.

Achtung: die Prüfstanddrehzahl nicht zu hoch wählen. Die 2120 U/min auf dem Foto sind deutlich zu viel. Die Pumpe läuft am Motor nur mit einem Drittel der Kurbelwellendrehzahl, also bei der Höchstdrehzahl von 2200U/min des Motors maximal mit 734 U/min. Ich befürchte, dass die Pumpe bei zu hohen Drehzahlen Schaden nimmt. Im Gegensatz zu den Schläuchen auf dem Foto empfehle ich unbedingt durchsichtige Ölleitungen. Nur so kann man eventuelle Luftblasen und verbliebenes Öl in den Ablaufleitungen erkennen. Beides würde die Messung verfälschen.

Abbildung 42: Standbohrmaschine als Pumpenprüfstand (Foto: Markus Schuh)

---

[92] Alternativ auch einfach eine „normale" Bohrmaschine, deren Drehzahl man genau durch den berührungslosen Drehzahlmesser aus dem Abschnitt „Spezialwerkzeug" messen kann oder einen entsprechenden Getriebemotor.

Wer in die Verlegenheit kommt, dass die Einspritzpumpe defekt ist, der kann sie entweder professionell in Stand setzen lassen, z.B. bei Tonis Einspritzpumpenservice https://toni-einspritzpumpenservices.de oder, wenn man die Ersatzteilnummern hat, sich selbst an der Reparatur versuchen. Meist reicht es, das Pumpenelement und Druckventil zu tauschen. Die meisten Teile gibt es immer noch zu kaufen, teils als Nachbauten. Eine gute Adresse ist der Shop von Diesel-Motoren-Technik Esders & Schepers GmbH http://dmt-onlineshop.de[93]. Einige Teile kann evtl. auch der lokale Bosch-Dienst noch liefern. Oder einfach bei Google oder anderen Suchmaschinen nach den entsprechenden Bosch-Nummern suchen. Aber Vorsicht: manchmal werden von den Suchmaschinen sehr ähnliche Nummern gezeigt, die aber nicht passen. Eventuell lohnt auch eine Suche im EU-Ausland. Die Versandkosten halten sich in Grenzen[94].

In meinem Fall war die Steuerkante des Pumpenkolbens verschlissen, wie in der roten Markierung in Abbildung 43 zu sehen. Die Riefen sieht man allerdings nur in einem bestimmten Einfallswinkel des Lichtes. Das Problem äußerte sich durch Ausgehen, wenn man Gas wegnimmt und starkes „Sägen" – vor allem bei kaltem Motor. Bevor Sie die Pumpe überholen (lassen) schließen Sie bitte alle anderen Fehlerquellen aus (vgl. Fehlerliste am Ende des Buches).

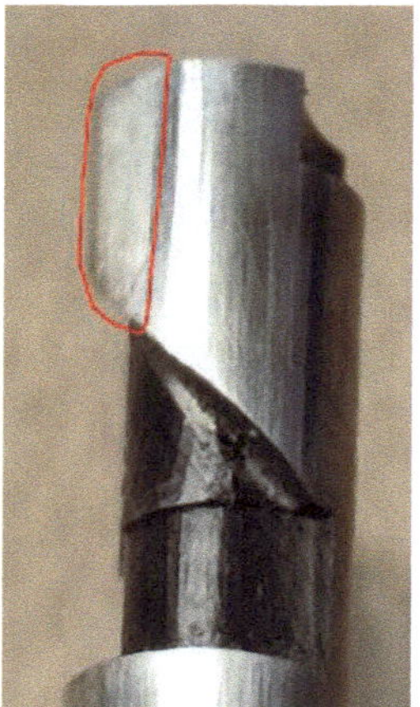

Abbildung 43: Verschlissener Pumpenkolben

Es gibt ein sehr gutes Video zur Demontage und Montage der Bosch Einsteck-Einspritzpumpen. Suchbegriff „Bosch 1 Zylinder Diesel Einsteckpumpe Instandsetzung. Hatz", eingestellt von Nutzer „Pumpenmatze" auf YouTube[95]: https://www.youtube.com/watch?v=iu97YO426VI

---

[93] Dort gibt es z.B. das Pumpenelement 1 418 321 006 als Nachbau für 72 € (Stand 02/2023).

[94] Beispielsweise der Shop von wagendass.com. Dort gibt es z.B. das Druckventil 1 418 522 007 als Restbestand für 26 € (Stand 02/2023). Aber Achtung: mein Druckventil war zwar originalverpackt, hatte aber dennoch an einer Stelle etwas Flugrost angesetzt. Es gibt auch Reproduktionen aus China und Indien. Mein nachgekauftes Pumpenelement ist z.B. „made in India".

[95] „Pumpenmatze" arbeitet sehr sauber: Einweg-Handschuhe und Papiertuch-Unterlage auf der Werkbank für alle Teile. Allerdings würde ich Alu-Schutzbacken empfehlen, wenn man das Pumpengehäuse in den Schraubstock spannt. Den abschließenden Test von Pumpenmatze mit

Hinweise zur Demontage / Montage:

1. Vor dem Ausbau habe ich den Kraftstoffschlauch kurz vor der Einspritzpumpe mit einer Gripzange geklemmt, dann läuft nur sehr wenig Diesel aus.
2. Pumpe und Umgebung gründlich reinigen. Ich habe dazu Bremsenreiniger verwendet. Original-Handbuch empfiehlt Pinsel und Diesel.
3. Ich habe den Sicherungsstift, der den Rollenstößel sichert, nur schwer herausbekommen. Geholfen hat ein starker Magnet. Feder muss vorher entlastet werden.
4. Mein Pumpenzylinder saß sehr fest im Pumpengehäuse. Nach dem Entfernen des Druckventilhalters habe ich Druckventil und Pumpenzylinder vorsichtig mit einem Messing-Durchschlag herausgetrieben.
5. Beim Zusammenbau auf die Markierungen von Regelhülse und Regelstange achten.
6. Vor dem Einbau prüfen, ob die Pumpe den vollen Hub hat. Wenn nicht, dann nochmal zerlegen. Bei mir war z.B. der Pumpenkolben nicht sauber in die Aussparung der Regelhülse gerutscht – dann kann er nur einen minimalen Hub durchführen.
7. Wenn die Pumpenflansch-Dichtung beim Ausbau zerstört wurde, dann muss sie mit einer Dichtung gleicher Dicke ersetzt werden. Siehe auch Bemerkung zum Einbaumaß a weiter unten.
8. Vor Testlauf die Diesel Zulauf- und Druckleitung vorschriftsmäßig entlüften.
9. Vor Testlauf 17er Schlüssel bereitlegen. Wenn der Pumpenkolben um 180° verdreht eingebaut wurde, dann lässt sich der Motor nicht herunter regeln und läuft nur „Vollgas".

Beim Einbau muss auf jeden Fall das „Einbaumaß a" beachtet werden (z.B. UT=95+/-0.4). Wie man dieses misst ist genau im Büchlein „Bosch Einspritzausrüstung für Dieselmotoren mit Einspritzpumpe PF" sowie dem Artikel „Förder-Betrieb – Theorie und Praxis rund um die Flanschpumpe" beschrieben.

Bitte auch nach der Reparatur nach ein paar Tagen den Ölstand im Geräteträger kontrollieren: Steigt dieser, so ist die Pumpe undicht und es läuft Diesel ins Reglergehäuse.

Achtung: bei der Reparatur von Einspritzausrüstung muss größter Wert auf Sauberkeit gelegt werden. Schon kleinste Verunreinigungen können Einspritzpumpe und Einspritzdüse schädigen.

Motoröl würde ich auch nicht empfehlen. Wenn hier Schmutzpartikel im Öl schwimmen, dann ruiniert man sich unter Umständen die Einspritzdüse. Auch sollte man das Öl wieder ablaufen lassen, bevor man die Pumpe einbaut. Also lieber einbauen, bis zur Pumpe entlüften, Mutter am Druckschlauch an der Einspritzdüse lösen und Motor durchdrehen (mit verschiedenen Gashebelstellungen). Dann läuft der Diesel-Kraftstoff erst durch den Diesel-Filter bevor er in die Pumpe gelangt. Man kann dann auch sehen, ob die Einspritzmengenverstellung funktioniert. Die Hatz-Pumpe scheint allerdings umgekehrt zu laufen wie die Holder Pumpe (Holder: Regelstange nach links=Vollgas, Regelstange nach rechts=Nullförderung).

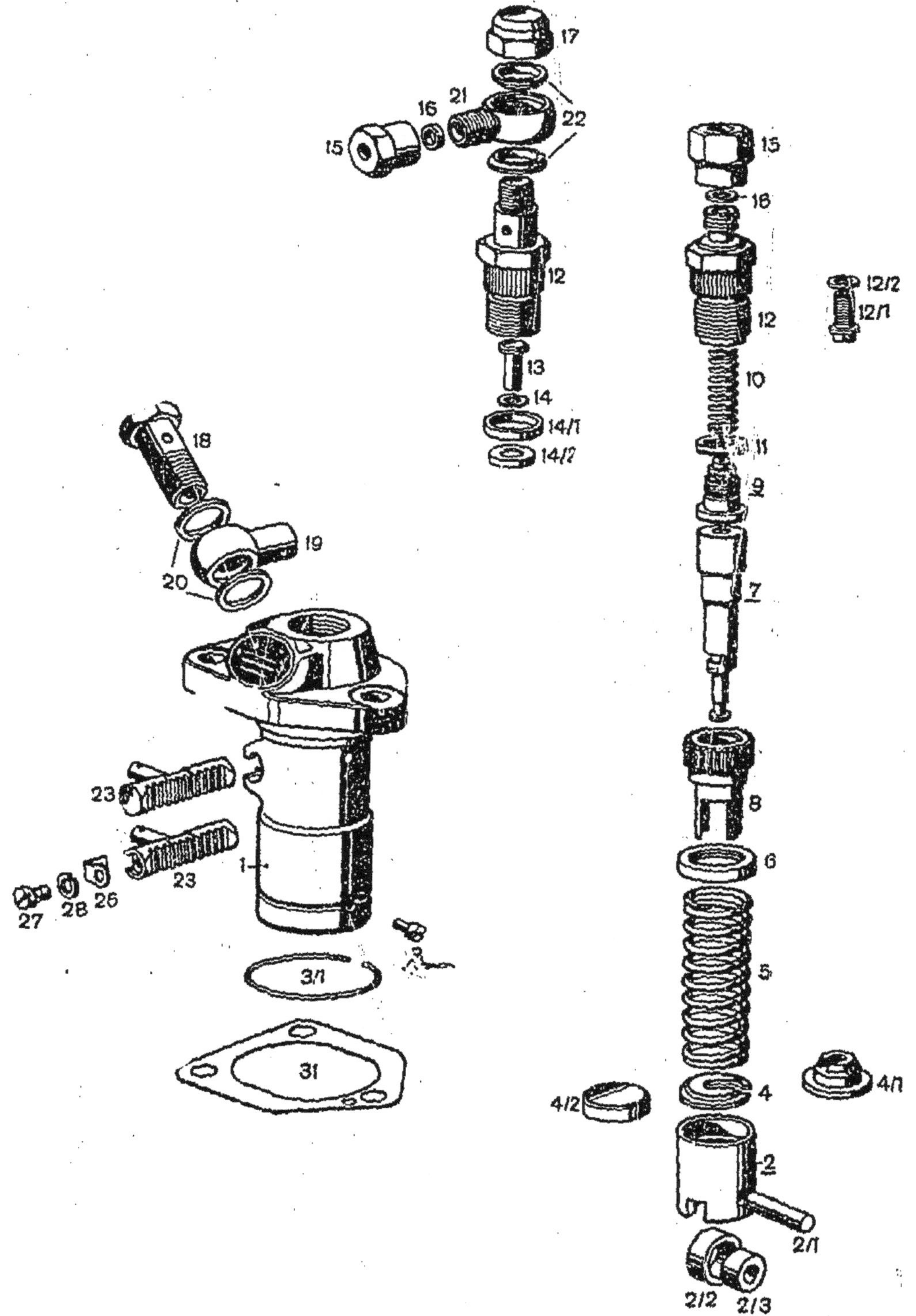

Die Teilenummern habe ich aus schlechten Kopien abgetippt, kann also keine Gewähr für die Richtigkeit übernehmen. 6er, 8er, 9er waren sich sehr ähnlich.

Abbildung 44: Explosionszeichnung Bosch PFR 1A Serie (Quelle: Robert-Bosch GmbH)

Bosch PFR 1 A 50 / 158 / 11

seit Okt.58, ab Motor-Nr. 3025 066

				Bodenhöhe	Farbkennung	
1		Pumpengehäuse				1 415 221 209
2		Rollenstößel (mit den Teilen Bild-Nr. 2/1-2/3)				1 418 720 061
2/1		Lagerbolzen				1 413 100 003
2/2		Rollen				1 410 202 009
2/3		Lagerbuchse				1 410 300 081
3		Bolzen zum Sichern von 2				1 413 121 011
3/1		Sprengring zum Sichern von 3				1 414 603 002
		+ nicht abgebildet: Tellerscheibe		Bodenhöhe	Farbkennung	
4	a			6.2	-	2 410 122 007
	b			6.3	-	2 410 122 006
	c			6.4	-	2 410 122 005
	d			6.5	blau	1 410 122 050
	e			6.6	rot	1 410 122 051
	f			6.7	gelb	1 410 122 052
	g			6.8	grün	1 410 122 053
	h			6.9	weiß	1 410 122 054
5		Schraubenfeder (Kolbenfeder) zu 7				1 414 619 021
6		Tellerscheibe (Federteller) oben				1 410 114 022
7		Pumpenkolben mit Pumpenzylinder	5mm Kolben Durchmesser, 15mm Steigung, Steuerkante linksgängig			1 418 321 006
8	a	Regelhülse	22,70mm	Kopfkreis-		2 416 300 000
	b		22,85 mm	Durchmesser		1 410 384 030
9		Druckventil mit Ventilträger				1 418 522 007
10		Schraubenfeder zu 9				1 414 613 013
11		Dichtring zu 9 (Nylon)				1 410 206 020
12		Rohranschluß (Druckventilhalter)				2 413 372 093 bzw. 094
13		Füllstück zu 12				1 413 121 114
15-16		fallen weg				
17		Hutmutter				1 413 317 001
18-20		fallen weg				
21		Ringstutzen				1 413 385 020
22		Dichtring zu 21				1 410 203 006
23		Regelstange				1 416 021 017
26		Zeiger zu 23				1 411 331 000
27		Zylinderschraube				2 910 021 119
28		Federring				2 916 693 003
31	a	Ausgleichplatte unter Befestigungsflansch des Pumpengehäuses zum Einstellen des Förderbeginns		0,10 mm dick		1 411 072 038
	b			0,15 mm dick		1 411 072 039
	c			0,20 mm dick		1 411 072 034
	d			0,30 mm dick		1 411 072 035
	e			0,50 mm dick		1 411 072 036
	f			0,80 mm dick		1 411 072 037

Bosch PFR 1 A 65 / 98 / 11

von Juni 57 bis Sep.58, von Motor-Nr. 2692 197 bis 3025 065

Nr.		Benennung			Bestell-Nr.
1		Pumpengehäuse			1 415 221 209
2		Rollenstößel (mit den Teilen Bild-Nr. 2/1-2/3)			1 418 720 061
2/1		Lagerbolzen			1 413 100 003
2/2		Rollen			1 410 202 009
2/3		Lagerbuchse			1 410 300 081
3		Bolzen zum Sichern von 2			1 413 121 011
3/1		Sprengring zum Sichern von 3			1 414 603 002
		+ nicht abgebildet: Tellerscheibe	Bodenhöhe n	Farbkennung	
4/1	a		6.5	blau	1 410 122 050
	b		6.6	rot	1 410 122 051
	c		6.7	gelb	1 410 122 052
	d		6.8	grün	1 410 122 053
	e		6.9	weiß	1 410 122 054
5		Schraubenfeder (Kolbenfeder) zu 7			1 414 619 021
6		Tellerscheibe (Federteller) oben			1 410 114 022
7		Pumpenkolben mit Pumpenzylinder	6.5mm Kolben Durchmesser, 15mm Steigung, Steuerkante linksgängig		1 418 321 027 (?)
8	a	Regelhülse	22,70mm	Kopfkreis-	2 416 300 000
	b		22,85 mm	Durchmesser	1 410 384 030
9		Druckventil mit Ventilträger			1 418 521 001
10		Schraubenfeder zu 9			1 414 612 020
11		Dichtring zu 9 (Nylon)			1 410 206 020
12		Rohranschluß (Druckventilhalter)			2 413 372 036
12/1		Einstellschraube zu 12			1 413 410 004
12/2	a	Ausgleichsscheibe zu 12/1	0.3mm dick		3 340 100 005
	b		1 mm dick		1 410 100 024
	c		1.5 mm dick		2 700 100 005
15-16		fallen weg			
17		Hutmutter			1 413 317 001
18-20		fallen weg			
21		Ringstutzen			1 413 385 020
22		Dichtring zu 21			1 410 203 006
23		Regelstange			1 416 021 017
26		Zeiger zu 23			1 411 331 000
27		Zylinderschraube			2 910 021 119
28		Federring			2 916 693 003
31	a	Ausgleichplatte unter Befestigungsflansch des Pumpengehäuses zum Einstellen des Förderbeginns	0,10 mm dick		1 411 072 038
	b		0,15 mm dick		1 411 072 039
	c		0,20 mm dick		1 411 072 034
	d		0,30 mm dick		1 411 072 035
	e		0,50 mm dick		1 411 072 036
	f		0,80 mm dick		1 411 072 037

Bosch PFR 1 A 65/74

Bis Mai 57, bis Motor-Nr. 2692196

1		Pumpengehäuse			1 415 221 209
2		Rollenstößel (mit den Teilen Bild-Nr. 2/1-2/3)			1 418 720 061
2/1		Lagerbolzen			1 413 100 003
2/2		Rollen			1 410 202 009
2/3		Lagerbuchse			1 410 300 081
3		Bolzen zum Sichern von 2			1 413 121 011
3/1		Sprengring zum Sichern von 3			1 414 603 002
		+ nicht abgebildet: Tellerscheibe	Boden	Farbkennung	
4/1	a		6.5	blau	1 410 122 050
	b		6.6	rot	1 410 122 051
	c		6.7	gelb	1 410 122 052
	d		6.8	grün	1 410 122 053
	e		6.9	weiß	1 410 122 054
	f		7.0	braun	1 410 122 055
	g		7.1	schwarz	1 410 122 056
5		Schraubenfeder (Kolbenfeder) zu 7			1 414 619 021
6		Tellerscheibe (Federteller) oben			1 410 114 022
7		Pumpenkolben mit Pumpenzylinder	6.5mm Kolben Durchmesser, 15mm Steigung, Steuerkante linksgängig		1 418 321 008
8	a	Regelhülse	mm	Kopfkreis-	2 416 300 000
	b		mm	Durchmesser	1 410 384 030
9		Druckventil mit Ventilträger			1 418 521 001
10		Schraubenfeder zu 9			1 414 612 020
11		Dichtring zu 9 (Nylon)			1 410 206 020
12		Rohranschluß (Druckventilhalter)			2 413 372 036
12/1		Einstellschraube zu 12			1 413 410 004
12/2	a	Ausgleichsscheibe zu 12/1	0.3mm dick		3 340 100 005
	b		1 mm dick		1 410 100 024
	c		1.5 mm dick		2 700 100 005
15-16		fallen weg			
17		Hutmutter			1 413 317 001
18-20		fallen weg			
21		Ringstutzen			1 413 385 020
22		Dichtring zu 21			1 410 203 006
23		Regelstange			1 416 021 017
26		Zeiger zu 23			1 411 331 000
27		Zylinderschraube			2 910 021 119
28		Federring			2 916 693 003
31	a	Ausgleichplatte unter Befestigungsflansch des Pumpengehäuses zum Einstellen des Förderbeginns	0,10 mm dick		1 411 072 038
	b		0,15 mm dick		1 411 072 039
	c		0,20 mm dick		1 411 072 034
	d		0,30 mm dick		1 411 072 035
	e		0,50 mm dick		1 411 072 036
	f		0,80 mm dick		1 411 072 037

16. DÜSENHALTER BOSCH

In diesem Kapitel wird in erster Linie der Düsenhalter des Direkteinspritzers mit Mehrlochdüse beschrieben. Der grundsätzliche Aufbau des Düsenhalters für die Zapfendüse unterscheidet sich nicht. Äußerlich ist der Unterschied deutlich zu erkennen, da die Düsenspannmutter für die Zapfendüse keine Kühlrippen hat, die der Mehrlochdüse hingegen schon.

Wenn die Einspritzdüse ausgetauscht[96] oder eingestellt werden muss, dann benötigt man Detail-Informationen zum Aufbau der Düse.

Achtung: bei der Reparatur von Einspritzausrüstung muss größter Wert auf Sauberkeit gelegt werden. Schon kleinste Verunreinigungen können die Einspritzdüse schädigen.

Es gibt relativ günstige Einspritzdüsen-Tester aus Fernost. Sie sind deutlich günstiger zu erwerben als die Bosch-Tester. Von der Genauigkeit her können Sie schon mithalten, denke ich. In jedem Fall muss ein neu gekauftes Testgerät erst einmal gut mit Diesel durchgespült werden (in ein Auffanggefäß pumpen), da sich Fertigungsrückstände (Späne) im Gerät befinden können. Diese würden die neue Einspritzdüse schlimmstenfalls unbrauchbar machen.

In jedem Fall empfehle ich nach längerer Standzeit den Öffnungsdruck der Düse zu prüfen. Die Druckfeder setzt sich unter Umständen im Laufe der Zeit, deshalb wird die Federkraft (und somit der Öffnungsdruck) geringer. Ein zu geringer Öffnungsdruck resultiert in einem zu frühen Einspritzzeitpunkt. Dieser geht zu Lasten der Pleuelaugenbuchse. Sie verschleißt dann stärker und kann sich sogar im Pleuelauge verdrehen (siehe dazu auch Bemerkung im Schwachstellen-Kapitel).

Den Öffnungsdruck stellt man mit Passscheiben/Ausgleichsscheiben ein. Eine normale Schieblehre/Messschieber reicht, um die passenden Scheiben zu wählen. Eine 0.1mm dickere/dünnere Beilagscheibe hat bei mir 10 bar Unterschied ausgemacht.

Bei der Mehrlochdüse beträgt der Einspritzdruck 175 + 5 bar, bei der Zapfendüse 120 + 5 bar[97].

Achtung: die Ausgleichsscheiben müssen immer „oben" eingebaut werden, also zum Halterkörper hin, _**nicht**_ in Richtung des Druckbolzens. Siehe Bauteil 2 in Abbildung 46.

Sollte der Düsenhalter undicht sein, so kann es eigentlich nur an den blau eingezeichneten metallischen Dichtflächen in Abbildung 45 liegen. Eine „Abdichtung" beschränkt sich hier auf die Reinigung der Dichtflächen (siehe dazu Abschnitt „Reinigung der Einspritzdüse"). Ich habe vorsichtshalber beim Düsentausch einen neuen Zwischenring eingebaut, dann bleibt

---

[96] In meinem Fall war die Düse nicht mehr dicht. Sie hat „getropft". Dies resultiert in schwarzem Dieselrauch und höherem Verbrauch. Es gibt im Internet Anleitungen zum „abdichten" tropfender Düsen. Davon rate ich ab. Die einzige dauerhafte Abhilfe ist hier der Austausch.

[97] Im Internet wird auch davon gesprochen, dass man einen 10 bar höheren Druck als den Nominalwert einstellen soll, um Setzeffekten Rechnung zu tragen. Ich habe meine Mehrlochdüse auf 180 bar eingestellt (also die obere Toleranzgrenze). Ich denke, bei einer alten Feder gibt es keine nennenswerten Setzeffekte mehr. Bei neuen Federn jedoch schon.

nur die eine „alte" Dichtfläche vom Grundkörper des Düsenhalters übrig. Alle anderen Dichtflächen sind dann neu.

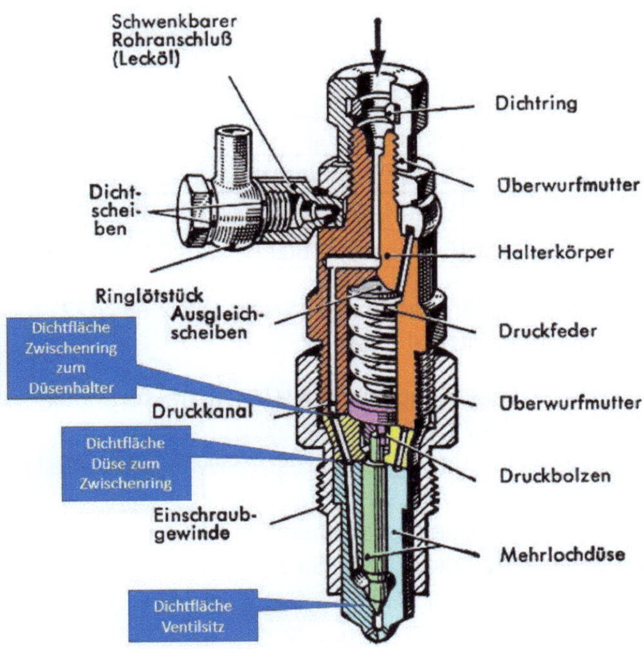

Abbildung 45: Schema des Bosch Einspritzdüsenhalters (Dichtkonzept identisch beim Sachs 600, Quelle: Robert-Bosch GmbH)

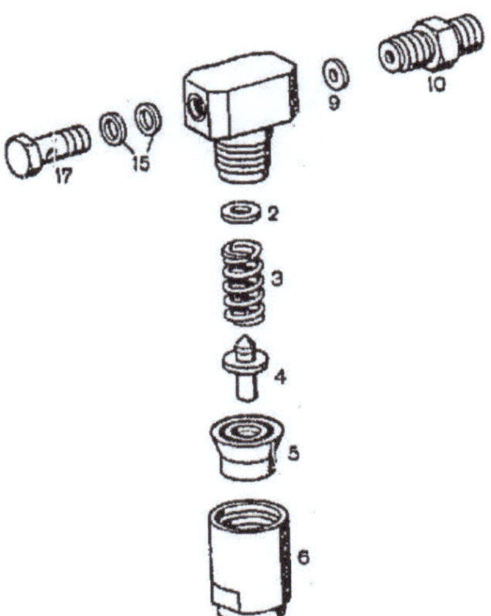

Abbildung 46:Explosionszeichnung Düsenhalter KBA Serie (Quelle: Robert-Bosch GmbH)

Bosch KBA 50 S 18/13 Einzelteile (vgl. Abbildung 46)

0 431 212 004 KBA 50 S 18/13		
2	Ausgleichsscheibe	Gruppe 2
3	Druckfeder	2 434 614 010
4	Druckbolzen	2 433 124 035
5	Zwischenring	2 430 136 031
6	Düsenspannmutter	2 433 314 119
9	Unterlegscheibe	2 430 100 040
10	Einschraubstutzen	2 433 357 033

Hier noch die Ersatzteil-Quellen und Preise (Stand Oktober 2022) für den KBA 50 S 18/13 Düsenhalter (für Direkteinspritzer-Motoren):

- Einspritzdüse original (Segger: https://www.traktorenteile-segger.de/b … 12-e-12-dl-90-s-1018.html) 479,90 €
- Einspritzdüse Nachbau (Segger: https://www.traktorenteile-segger.de/E … 00-Direkteinspritzer.html) 249,90 €
- Einstellscheiben / Ausgleichsscheiben Set 11.5mm Außendurchmesser mit 18 Scheiben verschieden dick (Ebay-Suche "Einstellscheiben Einstellplättchen für Einspritzdüsen 11,5") 10,50 €
- Zwischenring 2 430 136 031 (Ebay-Suche nach "BOSCH Düsenhalter 2430136031") 10,47 € (der Ring wurde anscheinend auch bei VW verwendet und ist daher noch gut und günstig verfügbar – besser als ein zweifelhaftes Altteil zu verbauen)

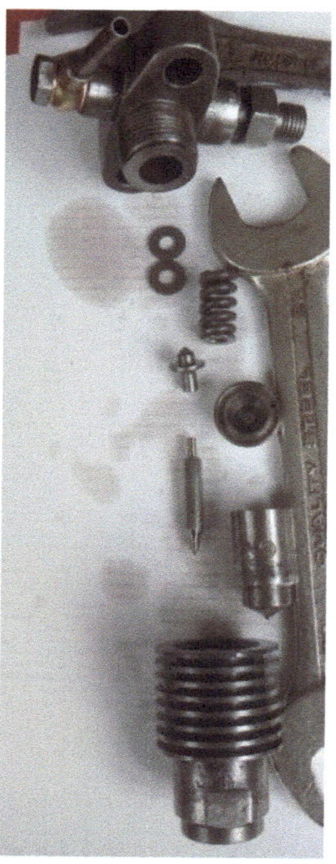

Abbildung 47: Zerlegter Düsenhalter

Reinigung der Einspritzdüse

In einem alten Bosch-Handbuch findet sich folgendes Zitat: „Das Innere des Düsenkörpers kann mit einem Holzstäbchen und Benzin oder Dieselkraftstoff, die Düsennadel mit einem sauberen Lappen gereinigt werden. Harte oder scharfe Gegenstände, wie Schmirgelpapier oder Dreikantschaber, dürfen dazu **nicht** benutzt werden[98]. Die Bohrungen der Lochdüsen werden mit einer für diesen Zweck entwickelten Reinigungsnadel, die von uns bezogen werden kann, gereinigt[99]."

Zusammenbau des Düsenhalters und Prüfungen der Düse

Sofern eine neue Düse verbaut wird ist diese vor dem Einbau gründlich vom Korrosionsschutzfett zu reinigen. Das Korrosionsschutz-Fett verhindert, dass die Düse richtig arbeiten kann – schon die „Fallprüfung" kann fehlschlagen.

In einem alten Bosch-Handbuch findet sich dazu folgendes Zitat: „Zum Festziehen der Düsen-Überwurfmutter verwende man wo möglich einen Drehmomentschlüssel, der z.B. für die Düsengröße S auf 6 bis 8 mkg[100] einzustellen ist. Vor dem Zusammenbau sind Düsennadel und Düsenkörper in sauberen Dieselkraftstoff zu tauchen, damit die Nadel im Düsenkörper leicht gleitet."

Die Einspritzdüse sollte gemäß Sachs 600 Reparaturhandbuch wie folgt geprüft werden:

1) Sichtprüfung der
   a) Düsennadel auf
      i) Eingeschlagenen oder rauen Nadelsitz
      ii) Abgenutzte oder beschädigte Spritzzapfen
   b) des Düsenkörpers auf
      i) eingeschlagenen oder verkokten Sitz
      ii) unrundes Spritzloch bei Zapfdüsen
      iii) verkokte oder verstopfte Spritzlöcher bei Lochdüsen
2) Gleitprüfung
   Nach der Sichtprüfung soll bei allen Düsen die Gleitprüfung durchgeführt werden. Die zuvor in reines Gasöl getauchte und in den Düsenkörper eingesetzte Düsennadel wird mit der Hand in den annähernd senkrecht gehaltenen Düsenkörper bis zu einem Drittel ihrer Führung in die Höhe gezogen. Sie muss nach dem Loslassen durch ihr Eigengewicht auf den Sitz hinuntergleiten.

3) Prüfung auf der Düsenprüfvorrichtung
   Mit der Düsenprüfvorrichtung werden geprüft:
   a) Öffnungsdruck

---

[98] Die Teile sind zueinander geläppt. Jegliche scharfen Werkzeuge zerstören die Dichtfläche und die Düse „tropft" anschließend.

[99] Es gibt verschieden dicke Reinigungsnadeln unter dem Suchbegriff „3D Drucker Düsenreinigungsnadel" ab 0.2mm Dicke. Ein Holder-Besitzer berichtet in einem Internet-Video, dass er eine verstopfte Einspritzdüse erfolgreich ultraschall-gereinigt hat.

[100] Also ca. 59-78 Nm Anzugsmoment. Ich habe das „gefühlsmäßig" mit kurzer Rohr-Verlängerung auf dem Gabelschlüssel angezogen. Besser ist es natürlich einen Drehmomentschlüssel zu verwenden. Siehe Abschnitt Spezialwerkzeug.

b) Dichtheit[101]
c) Schnarreigenschaften und Strahlbild[102]

Zur Prüfung ist reines Prüföl 01 61 v 1 (oder reines Gasöl) zu verwenden. Wichtig ist vor allem, dass es rein ist.

Die Düsen werden mit dem dazugehörigen Düsenhalter geprüft. Beim Einspannen der Düsen in den Düsenhalter ist darauf zu achten, dass die Dichtflächen sauber und nicht beschädigt sind. Düse auf Dichtfläche des Düsenhalters setzen. Überwurfmutter zunächst von Hand und anschließend mit gut passendem Schlüssel anziehen. Das Anzugsmoment der Überwurfmutter soll 6-8 mkg betragen.

Um zu prüfen, ob die Düse nicht verspannt ist, Handhebel der Düsenprüfvorrichtung bei abgeschaltetem Manometer einige Male kräftig durchstoßen (ca. 6-8 Abwärtsbewegungen/Sekunde). Bei einwandfrei gängiger Düsennadel muss die Düse mit hohem Pfeifton schnarren[103].

Achtung: Hände weg vom Düsenstrahl! Der starke Strahl kann tief in die Haut eindringen und Blutvergiftung hervorrufen.

---

[101] Gemäß Sachs 600 Reparaturanweisungen darf sich bei 20 bar unter Öffnungsdruck kein Tropfen bilden. In den Reparaturanweisungen steht keine Zeitangabe aber ich würde sagen, dass der Druck ca. 10 Sekunden gehalten werden muss.
[102] Die richtigen Spritzbilder für Zapfen- und Mehrlochdüse finden sich in den Sachs 600 Reparaturanweisungen.
[103] Wenn die Düse nicht schnarrt, dann alles noch einmal auseinander bauen, reinigen, wieder in Diesel tauchen und nochmal zusammenbauen.

17. HOLDER-FARBEN

In Metzingen wurde das „Holder-Grün" offenbar von Hand angemischt[104]. Daher können Schlepper gleicher Baujahre leicht unterschiedliche Grüntöne haben. Grundsätzlich gibt es drei Holder-Grüntöne, für den A12 sind nur die ersten beiden interessant:

-   Holder-Grün „alt": etwas dunkleres Grün bis ca. Baujahr 1961[105]
-   Holder-Grün „neu": etwas helleres Grün ab ca. Baujahr 1961[106]
-   Holder-Grün 79: erst bei späteren A18 verwendet, somit für den A12 nicht interessant

Die weiteren Farbtöne sind:

-   Holder Rot (Felgen) - RAL 3000 Feuerrot
-   Holder Gelb (Schriftzug) - RAL 1021 Rapsgelb bzw. RAL 1012 Zitronengelb
-   Holder Weiß (z.B. Felgen) – 1014 Elfenbein
-   Holder Orange (Kommunalfahrzeuge) - RAL 2004 Reinorange

Man sieht auch oft, dass die Zierlinie restaurierter Hauben auf die „Sicke" gemalt wurde. Das ist meiner Meinung nach nicht korrekt. Die korrekte Zierlinie ist deutlich dünner als die Sicke und liegt oberhalb, wie in Abbildung 8 gut zu sehen ist.

---

[104] Eine entsprechende Bemerkung findet sich bei myholder.de unter „Holder Technik-Details"
[105] Die Baujahr-Einordnung findet man bei den Produkt-Beschreibungen des Erbedol Lacks „Holder grün alt SL 6540"
[106] Die Baujahr-Einordnung findet man bei den Produkt-Beschreibungen des Erbedol Lacks „Holder grün neu SL 6380"

18. REIFENFREIGABE 6.00-16

Die 5.00-16 und 5.50-16 Reifen sind quasi nur noch als „Frontreifen" zu bekommen, nicht mit Ackerprofil. Es bietet sich also an, 6.00-16 mit Ackerprofil aufzuziehen, die gibt es relativ preiswert. Anbei die Unbedenklichkeitsbescheinigung. Lastindex 76 bedeutet, dass der Reifen eine Tragfähigkeit von mindestens 400kg haben muss. Geschwindigkeitsindex A3 heißt, dass der Reifen mindestens eine zulässige Höchstgeschwindigkeit von 15 km/h haben muss.

Kärcher Municipal GmbH · Mahdenstr. 8 · D - 72768 Reutlingen

An:Herrn
Johann Schuster
Grillparzerstraße 3
84036 Landshut

Kärcher Municipal GmbH
Mahdenstrasse 8
72768 Reutlingen
Deutschland

T	+49 71 21 930 729-0
F (Verkauf)	+49 71 21 930 729-213
F (Ersatzteile)	+49 71 21 930 729-228
F (Einkauf)	+49 71 21 930 729-239

info@municipal.kaercher.com
www.kaercher-municipal.com

Ihr Zeichen	Unsere Zeichen	Telefon-Durchwahl	E-Mail	Datum
Ihr Zeichen	DiF	168	dieter.fakesch@municipal.karcher.com	14.06.2024

Kärcher Municipal GmbH
Sitz: Reutlingen
Registergericht: Reutlingen, HRB 727 987

Geschäftsführung:
Michael Häusermann (CEO)
Nils Werning (COO)

USt.-Id-Nr.: DE 261556983

Baden-Württembergische Bank
SWIFT-BIC SOLADEST600
IBAN DE18 6005 0101 0001 1056 29

Zertifiziert nach: ISO 9001:2015

**Unbedenklichkeitsbescheinigung zur Vorlage beim TÜV
Bereifung 6,00-16 auf Zugmaschine HOLDER A12**

KÄRCHER

Sehr geehrte Damen und Herren,
sehr geehrter Herr Schuster.

Gegen die Ausrüstung der Zugmaschine HOLDER A12
mit der Bereifung 6,00-16 AS auf der Felge 3,5Dx16 oder 4.00x16 bestehen von
Seiten der Firma Kärcher Municipal GmbH keine Bedenken.
Für die zul. Achslast ist ein Lastindex von mindestens 76 A3

Die Höchstgeschwindigkeit beträgt mit dieser Bereifung 14 km/h.

Grundsätzlich müssen vier Reifen gleicher Größe montiert werden.

Mit freundlichen Grüßen
Kärcher Municipal GmbH

i.A.
Dieter Fakesch

19. STARTKURBEL FÜR SACHS D600L

Da die Startkurbeln für den Sachs D600L selten angeboten werden habe ich eine – vermutlich – originale Kurbel vermessen. Der kleine Querbolzen ist mit zwei Kehlnähten auf der Motor-abgewandten Seite fixiert. Original hat das 155mm Stück noch in der Mitte eine eingedrehte Nut, die als Führung für eine darüber gesteckte drehbare Griff-Hülse dient. Die Hülse ist dann in die Nut eingerollt. Eine solche Hülse kann man aber auch durch ein stirnseitig angebrachtes Gewinde mit passender Schraube und Beilagscheibe fixieren.

Die beiden Biegeradien sind 20mm.

Achtung: beim Handstart unbedingt den Startknopf betätigen, sonst kann der Motor „zurückschlagen" und Verletzungen verursachen.

Bemerkung: In den Sachs D600L Reparaturanweisungen ist auch eine Startkurbel abgebildet. Sie ist fast 90° gekröpft und hat einen Kurbelradius von 230mm. Die von mir gezeichnete Kurbel kommt nur auf einen Kurbelradius von ca. 217mm.

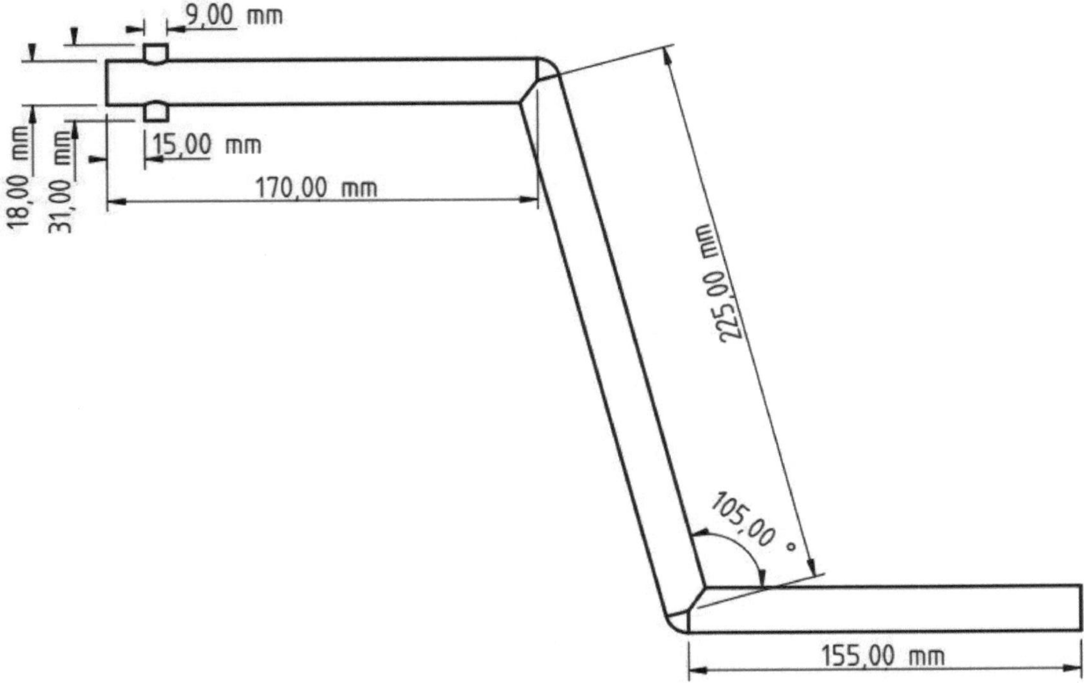

Abbildung 48: Startkurbel mit Bemaßung

20. UMBAU AUF VIERTAKT-MOTOR

Wenn man mit einem Umbau auf einen Viertakt-Motor liebäugelt, so ist folgendes zu beachten:

- Der Motor sollte einen Fliehkraft-Drehzahlregler wie der Sachs D600L besitzen, so dass z.B. Fräsarbeiten problemlos möglich sind
- Die Drehrichtung des Motors muss passen – sonst läuft der Schlepper im Vorwärtsgang rückwärts und die Anbaugeräte für die Zapfwelle funktionieren nicht mehr
- Die Drehzahl des Motors muss passen. Der Sachs D600L hat seine Nennleistung von 12 PS bei nur 2200 U/min – was durch das Zweitakt-Prinzip möglich ist. Höhere Nenndrehzahlen führen zu höherer Endgeschwindigkeit und höheren Zapfwellen-Drehzahlen (original 540 bzw. 920 U/min). Auch die obere Gelenkwelle ist wahrscheinlich nicht für höhere Drehzahlen ausgelegt.

Ich denke, dass es schwierig ist, einen Viertakt-Motor vom TÜV eingetragen zu bekommen. Hauptproblem ist meiner Meinung nach die höhere Nenndrehzahl. Anbei liste ich zwei Motoren auf, die sich prinzipiell für einen Umbau eignen würden:

Hatz E785

Man sieht hin und wieder bei Ebay Umbauten von A12 und B12 auf den Hatz E785. Der Motor liefert die Nennleistung von 12 PS bei 3000 U/min. Daraus ergeben sich Zapfwellendrehzahlen von 736 bzw. 1255 U/min. Dafür sind die Anbaugeräte nicht ausgelegt. Die Endgeschwindigkeit erhöht sich auf 19,2 km/h. Allerdings gibt es meines Wissens diesen Motor nur noch gebraucht. Passt anscheinend ohne Adapter-Flansch.

Koop 192F bzw. 192FE

Das ist ein kleiner China-Dieselmotor, der in vielen China-Baggern verbaut wird. Er hätte zwar die richtige Drehrichtung und ca. 11 PS, allerdings eine Nenndrehzahl von 3800 U/min. Da kommen dann an der Zapfwelle 933 bzw. 1589 U/min heraus. Die Endgeschwindigkeit erhöht sich auf 24,4 km/h. Der Vorteil ist, dass der Coop-Motor relativ gut verfügbar und günstig[107] ist. Achtung: die F-Variante hat nur einen Seilzug-Starter, keinen E-Starter. Ein Adapter-Flansch ist selbst anzufertigen.

Fazit

Liebhaber werden wahrscheinlich eher zu einen originalen A12 greifen als zu einem mit Motor-Umbau. Vorteil der Viertakter ist klarerweise, dass sie keine „Zweitakt-Fahne" produzieren. Ich denke, dass sich ein A12 mit Motorumbau schwieriger verkaufen lässt als ein originaler A12.

---

[107] Kostenpunkt 799,00 € bei bagger2go (Stand Juli 2024). Die Überholung eines Sachs D600L kostet deutlich mehr – alleine ein neuer Kolben schlägt mit ca. 400 € zu Buche.

21. MOTORSTÖRUNGEN UND IHRE BESEITIGUNG

Das Sachs D600L Reparaturbuch bzw. die Betriebsanleitung halten viele Fehler und mögliche Ursachen bereit[108]. Ich habe mir erlaubt, diese Liste nach meinen bisherigen Erfahrungen zu ergänzen. Die Ergänzungen habe ich *kursiv* bzw. als Fußnoten geschrieben:

1. <u>Motor springt nicht an</u>
   a. Durch Fehler beim Starten
      i. Handstart
         1. Der Startknopf wurde nicht gezogen
         2. Die Zündlunte war feucht oder verölt
         3. Der zum Starten notwendige Schwung wurde nicht erreicht, da Motor zu kalt ist. Motor mehrere Male durchdrehen, evtl. auskuppeln
         4. Motor wurde bei herausgeschraubtem Luntenhalter zu lange durchgedreht und dadurch der Ölfilm zwischen Kolben und Zylinder durch eingespritzten Kraftstoff abgewaschen
      ii. Elektrischer Start
         1. Glühkerze wurde nicht lange genug vorgeglüht[109]
         2. Motor ist noch zu kalt – zum Starten auskuppeln –
         3. Startknopf wurde nicht gezogen
   b. Aus Kraftstoffmangel, weil...
      i. kein Kraftstoff im Tank ist → *tanken und gem. Handbuch entlüften*
      ii. sich Luft im Einspritzsystem befindet → *gem. Handbuch entlüften*
      iii. das Kraftstofffilter verstopft ist[110]
      iv. die Kraftstoffausflussöffnung im Tank und die Kraftstoffzuleitungen verschmutzt sind → *zerlegen, reinigen und gem. Handbuch entlüften*
      v. die Kraftstoffzuleitung schlecht angeschraubt ist oder einen Riss hat[111]
      vi. die Einspritzpumpe verstellt, der Pumpenkolben oder die Pumpenfeder gebrochen ist → *Einbaumaß a gem. Handbuch überprüfen, ggf. Pumpe überholen (lassen)*

---

[108] Bei der Formatierung und beim Bildverweis haben sich in der Reparaturanleitung kleine Fehler eingeschlichen. Es ist also empfehlenswert, sich die Liste aus der Betriebsanleitung anzusehen. Die ist korrekt und die Basis für den Abdruck in diesem Buch.

[109] Es kann auch sein, dass er bei kalten Temperaturen dann mit "Startknopf" anspringt, aber wenn der Startknopf raus geht, dann geht der Motor auch aus. Lange ist hier relativ: 0.5-1 Minute Vorglühzeit ist normal, bei größerer Kälte gerne auch 1.5-2 Minuten. Ich muss bei meinem Holder im Winter beim Start Vollgas geben. Siehe auch Kapitel 6 Winterstart im Abschnitt Winterschutzmaßnahmen im Sachs 600 Handbuch.

[110] Leichte Prüfung: Mittlere Schraube am Kraftstofffilter lösen und prüfen, ob Diesel ausläuft (langsamer Ausfluss ist OK, muss kein Strahl sein). Verstopfung kann insbesondere im Winter vorkommen, wenn sich im Diesel Paraffin bildet. Rechtzeitig Winterdiesel tanken.

[111] Hier muss aber dann normalerweise schon beim Start Diesel irgendwo aus der Druckleitung oder Verschraubung heraus lecken.

vii. Die Düse verkokt ist oder gefressen hat[112]

c. Durch Fehler in der elektrischen Einrichtung

i. Batterie leer → *aufladen oder austauschen*

ii. elektrische Anschlüsse verschmort → *Anschlüsse gem. Schaltplan durchmessen*

iii. Glühkerze funktioniert nicht oder hat Masseschluss[113]

d. Durch zu geringe Verdichtung, weil...

i. die Düse nicht fest sitzt → *festschrauben*

ii. die Zylinderkopfdichtung durchgebrannt ist → *erneuern, Ersatz gibt's z.B. bei eBay*

iii. durch zu starkes Einspritzen von Kraftstoff der Schmierfilm an der Zylinderwand abgewaschen ist[114]

iv. durch falsches Schmieröl die Kolbenringe festgebrannt sind[115]

v. der Zylinder abgenützt ist[116]

vi. die Kolbenringe gebrochen oder abgeschliffen sind[117]

vii. der Zylinderkopf gerissen ist → *ersetzen durch identisches Teil. Direkteinspritzer- und Vorkammerköpfe sind nicht kompatibel!*

viii. Kurbelgehäuse undicht → *Motor neu abdichten oder Gehäuse bzw. Simmerringe ersetzen*

e. Aus mechanischen Gründen, weil...

i. Einspritzmenge verstellt (Rauchgrenzeneinstellung) → *gem. Handbuch einstellen*

ii. Reglerteile abgenutzt sind → *Regler gem. Handbuch zerlegen und Teile überprüfen*

---

[112] Ein grundsätzlicher Funktionstest ist möglich, wenn man die Düse verkehrt herum einbaut und das Spritzbild bei verschiedenen Gashebel-Stellungen überprüft

[113] Glühüberwacher sollte dann auch nichts anzeigen. Einfacher Test der Kerze: Glühkerze herausschrauben, Kabel wieder anschließen und Gewinde auf Masse halten. Dann vorglühen. Glühkerze muss warm werden und vorne zu rauchen beginnen.

[114] Glühkerze bzw. Luntenhalter herausschrauben und durch das Loch etwas Öl hineinspritzen. Dann Motor ein paarmal durchdrehen, Glühkerze bzw. Luntenhalter wieder einschrauben und erneut versuchen.

[115] Auch möglich: tropfende Düse. Diese liefert zu viel Kraftstoff, daher zu viel Ruß bei der Verbrennung. Ruß setzt sich auch in den Kolbenringnuten ab. Abhilfe: Zylinder abmontieren, Kolben ausbauen, Kolbenringe und Kolbenringnuten vorsichtig reinigen. Gemäß Handbuch einölen und wieder zusammenbauen.

[116] Zylinder beim Motoreninstandsetzer ausschleifen lassen. Einfacher Test: wenn mit dem Fingernagel am oberen Ende der Zylinderlauffläche ein Absatz fühlbar ist, dann ist der Zylinder verschlissen. Genauer geht's natürlich durch Vermessen. Es gibt neben dem Standardmaß 88.0mm Durchmesser noch zwei Übermaße (88.5mm und 89.0mm). Übermaß-Kolben mit Mulde gibt es bei Traktorteile Segger für 389,90 €. Kolben ohne Mulde gibt es bei Traktorteile Segger für 319,90 €. Stand der Preise Januar 2023. Kexel Motorentechnik bietet auch einen Nachbau-Kolben ohne eingegossene Buchse zu etwas günstigeren Preisen an. Bin mir aber nicht sicher, ob der genauso haltbar ist. Die Firma Graf (www.graf-motoren-shop.de) bietet unter der Bezeichnung „Kolben Sachs Stamo 600" Kolben bis Übermaß 91.0mm an, was lt. telefonischer Auskunft kein Problem für den Motor darstellt. Preis 342,72€ ohne Mulde, 390,32€ mit Mulde. Stand März 2023.

[117] Hier Durchmesser des Zylinders messen. Evtl. reicht nur ein Tausch der Kolbenringe. Ratsamer ist aber wahrscheinlich, den Zylinder auf das nächste Übermaß schleifen zu lassen.

iii. Nocken (zur Betätigung der Einspritzpumpe) abgenutzt oder beschädigt ist

iv. der Nocken bei der Reparatur verkehrt eingebaut wurde

    f. Aus Luftmangel, weil...

i. das Luftfilter verschmutzt ist

ii. die Auspuffanlage mit Ölkohle zugesetzt ist[118]

2. <u>Motor springt an, bleibt aber nach kurzer Zeit stehen</u>

    a. Aus Kraftstoffmangel, weil...

i. sich Luft im Einspritzsystem befindet[119]

ii. Wasser im Kraftstoff ist[120]

iii. Sonstige Schäden in der Kraftstoffspritzanlage aufgetreten sind[121]

    b. Aus mechanischen Gründen, weil...

i. Der Motor noch zu kalt ist (Winter) und das steife Öl im Geräteträger eine genaue Reglertätigkeit unterbindet

ii. *Der Motor nicht lange genug vorgeglüht wurde (insbesondere im Winter)*[122]

iii. der Regler verstellt ist[123]

iv. beim Abregeln der Regler hängen bleibt, *oder die Einspritzmengenverstellung an der Einspritzpumpe hängen bleibt (z.B. durch Verharzungen nach längerer Standzeit) → Lüfter abnehmen und Regler auf Leichtgängigkeit prüfen*

v. der Kolben im Zylinder klemmt[124]

3. <u>Motor gibt zu wenig Leistung ab</u>

    a. Aus Kraftstoffmangel, weil...

---

[118] Gemäß Handbuch Auspuff zerlegen, ausbrennen bzw. mechanisch reinigen. Zur Reinigung der kleinen Röhrchen habe ich ein Stahlseil verwendet, das ich in den Akkuschrauber eingespannt habe. Drehrichtung beachten (damit sich das Seil nicht aufdreht). Schutzbrille tragen. Vorsicht, Seil kann „peitschen".

[119] Falls Dieselfilter-Patrone vor dem Einbau *nicht* ins Dieselbad getaucht war, so muss zweimal entlüftet werden: 1. nach Einbau des Filters, 2. fünf Minuten später, wenn sich die Luftbläschen aus den Poren gelöst haben, vgl. S. 37/38 der Sachs 600 Reparaturanleitung. Luft kann sich lange im System halten, auch wenn der Motor läuft.

[120] Kraftstoff-Filter gemäß Handbuch auf abgesetztes Wasser kontrollieren. Filter gemäß Handbuch vor Zusammenbau trocknen lassen. Leider gibt es am A12 keinen serienmäßigen Wasserabscheider mit Schauglas zur Kontrolle. Kondensationseffekte bzw. „Tankatmung" können minimiert werden, wenn der Tank immer gut gefüllt ist (=weniger Luft bzw. Luftfeuchte im Tank).

[121] Pumpenelement und Druckventil wären hier evtl. verdächtig. Im Zweifelsfall demontieren, aber vorher alle anderen Fehlerquellen ausschalten.

[122] Bei meinem Holder muss ich ab Temperaturen um den Gefrierpunkt 1.5 Minuten vorglühen und Vollgas geben beim Start, sonst geht er aus, wenn der Startknopf „hineinspringt". Siehe Kapitel Winterbetrieb.

[123] Gem. Reparaturanleitung überprüfen, ob Regler korrekt eingestellt ist. Man benötigt nur den im Kapitel „Spezialwerkzeug" beschriebenen Schlüssel für die Nutmutter

[124] Gem. Reparaturanleitung den Zylinder abnehmen, Kolbenringe auf Leichtgängigkeit prüfen, Kolben auf Klemmspuren prüfen. Dann alles wieder gut geölt gem. Reparaturanleitung zusammenbauen.

i. Der Regler verstellt ist (Rauchgrenzeneinstellung)[125]

ii. Die Düse nicht mehr richtig abspritzt[126]

iii. Der Pumpenkolben abgenützt ist[127]

b. Durch zu geringe Verdichtung, weil...

i. die Kolbenringe festgebrannt sind[128]

ii. der Zylinder eingelaufen ist[129]

iii. das Kurbelgehäuse undicht ist → *Motor neu abdichten oder Gehäuse bzw. Simmerringe ersetzen*

c. Aus Luftmangel, weil...

i. Das Luftfilter verschmutzt ist → *Filter und Filtervlies gemäß Sachs 600 Handbuch reinigen*

ii. Die Auspuffanlage mit Ölkohle zugesetzt ist[130]

4. <u>Motor hat zu hohen Kraftstoffverbrauch</u>

a. Kraftstoff fließt bereits vor der Kraftstoffpumpe weg, weil...

i. der Tank leckt

ii. die Leitung vom Tank zum Kraftstofffilter nicht richtig angeschlossen ist, bzw. defekt ist

iii. das Kraftstofffilter undicht ist

iv. die Entlüftungsschrauben auf dem Kraftstofffilter lose sind[131]

v. die Kraftstoffzuleitung zur Pumpe nicht dicht ist

vi. die Hohlschraube auf der Kraftstoffpumpe nicht festgezogen ist

b. Aus mechanischen Gründen, weil...

i. die Reglereinstellung verstellt ist (Rauchgrenzeneinstellung)[132]

ii. die Einspritzdüse defekt ist[133]

---

[125] In diesem Fall ist der Rauchgasbegrenzer zu weit hineingeschraubt. Lüfter abnehmen und Einstellung gemäß Reparaturanleitung überprüfen.

[126] Düsenhalter verkehrt herum anbringen, so dass Düse „nach oben" spritzt. Spritzbild überprüfen. Im Zweifelsfall mit Einspritzdüsentestgerät Spritzbild und Öffnungsdruck prüfen. Finger weg vom Düsenstrahl!

[127] Pumpenelement für den Direkteinspritzer gibt es im Nachbau bei www.dmt-onlineshop.de für unter 100,- € (Stand Januar 2023). Wenn die Pumpe revidiert wird, sicherheitshalber auch gleich das Druckventil tauschen.

[128] Abhilfe: Zylinder abmontieren, Kolben ausbauen, Kolbenringe und Kolbenringnuten vorsichtig reinigen. Gemäß Handbuch einölen und wieder zusammenbauen.

[129] Standard-Maß 88.0mm, 1. Übermaß 88.5mm, 2. Übermaß 89.0mm.

[130] Gemäß Handbuch Auspuff zerlegen, ausbrennen bzw. mechanisch reinigen. Zur Reinigung der kleinen Röhrchen habe ich ein Stahlseil verwendet, das ich in den Akkuschrauber eingespannt habe. Drehrichtung beachten (damit sich das Seil nicht aufdreht). Schutzbrille tragen. Vorsicht, Seil kann „peitschen".

[131] Ich musste bei der mittleren Entlüftungsschraube zwei Kupferringe beilegen, da sonst keine Dichtigkeit zu erzielen war. Bitte vor Montage ohne O-Ringe prüfen, ob sich die Schraube weit genug einschrauben lässt.

[132] Dies würde sich aber nur bei Vollgas-Betrieb bemerkbar machen, da der Rauchbegrenzer nur die maximale Einspritzmenge begrenzt. Im Teillast-Betrieb hat er quasi keine Funktion.

[133] Insbesondere wenn die Düse „tropft" ist der Verbrauch zu hoch. Erkennbar an schwarzem Ruß an der Einspritzdüse. Auch ein schlechtes Spritzbild, wenn die Düse nicht richtig zerstäubt, resultiert in höherem Verbrauch.

iii. die Einspritzdruckleitung undicht ist[134]

5. <u>Motor raucht sehr stark</u>

  a. **Heller Rauch (Ölrauch), weil...**

   i. Auspufftopf nicht entkohlt[135]

   ii. Bei Bergabfahrten ausschließlich mit dem Motor gebremst wird

   iii. Ölrückführungsschlauch verstopft oder geklemmt ist[136]

   iv. Ölstand im Luftfilter zu hoch ist und Motor hier Öl ansaugt[137]

   v. Motor nicht richtig belastet wird und Öl daher nicht ganz verbraucht wird[138]

   vi. *Zylinder stark verschlissen ist und das Öl beim Abwärtshub nicht sauber abgestriffen, sondern verbrannt wird[139]*

  b. **Dunkler Rauch (Kraftstoffrauch), weil...**

   i. die Einspritzdüse zu viel fördert → *gem. Handbuch Regler- und Fördermengen-Einstellung überprüfen[140]*

   ii. die Einspritzdüse defekt ist (nachtropft)[141]

6. <u>Motor klopft</u>

  a. **Defekte Einspritzanlage, weil...**

   i. der Einspritzzeitpunkt der Pumpe nicht stimmt

   ii. der Öffnungsdruck der Düse nicht stimmt (zu hoch oder zu niedrig)[142]

   iii. die Verdichtung zu gering und daher der Zündverzug zu groß ist

   iv. die Brennkammer ausgebrochen ist[143]

  b. **Aus mechanischen Gründen, weil...**

---

[134] Dies kann nur für leichte Undichten gelten. Bei größeren Undichten läuft der Motor gar nicht mehr.

[135] Die erhitzte Ölkohle beginnt von selbst zu rauchen, wenn sie warm genug wird. Also Auspuff regelmäßig reinigen.

[136] Bei mir war die Rückführung der Ölpumpe verstopft. Also unbedingt Ölpumpe reinigen und überprüfen (lassen).

[137] Der Motor raucht dann wie eine Dampflok und es dauert auch nach der Korrektur des Ölstandes noch einige Zeit, bis sich das Abgasverhalten normalisiert hat.

[138] Insbesondere tritt dies auch auf, wenn man nur „Standgasgetucker" betreibt, also z.B. im Garten nur mit wenig Gas Lasten oder einen Anhänger umherfährt. Es wird schlicht zu wenig Öl verbrannt. Dann empfiehlt es sich zumindest bei Motoren ohne Ölrückführung, öfter das Öl im Sumpf abzulassen. Bei Motoren mit Ölrückförderung sollte immer noch etwas Öl im Sumpf verbleiben (ca. 20ml), damit der Pumpenkolben für die Ölrückförderung nicht trocken läuft.

[139] Vgl. Fußnote zu 1. d. v.

[140] Eventuell hat hier auch jemand absichtlich am Rauchgasbegrenzer „gedreht", um trotz verschlissener Einspritzpumpe fahren zu können (Rauchgasbegrenzer zu weit herausgedreht).

[141] Achtung, es können bei zu langem Betrieb Folgeschäden auftreten: Öl wird von Zylinderwand abgewaschen, daher höherer Verschleiß. Ölkohle blockiert die Kolbenringe, Verdichtung wird deshalb geringer

[142] Folgeschaden bei zu niedrigem Einspritzdruck: Einspritzung erfolgt zu früh, zu hohe Drücke im Motor. Pleuelbuchse verdreht sich im Pleuel (Ölbohrungen in der Buchse passen nicht mehr zu den Bohrungen im Pleuel), Pleuelbuchse verschleißt stark. Müsste sich auch durch Späne im Kurbelgehäuse zeigen.

[143] Motor gemäß Reparaturhandbuch zerlegen und Zylinderkopf bzw. Kolbenboden inspizieren.

    i. Die Ölkohleschicht auf Kolben und Zylinderkopf zu stark ist und Kolben daher an Zylinderkopf anschlägt

    ii. Kurbelwellenlagerung, Pleuel- und Kolbenbolzenlager ausgeschlagen sind

7. <u>Motor arbeitet unregelmäßig, Drehzahl schwankt stark</u>

    a. Aus Kraftstoffmangel, weil...

        i. Kraftstofffilter verstopft

        ii. die Einspritzpumpe nicht richtig arbeitet[144]

        iii. sich Luft in der Kraftstoffleitung befindet

        iv. die Einspritzdüse verkokt ist

        v. Regler nicht richtig funktioniert

        vi. zu viel Luft in den Gelenken des Reglergestänges ist

8. <u>Motor bleibt im Leerlauf stehen, weil...</u>

        i. die Leerlaufdrehzahl zu niedrig ist (Nachstellen gem. Reparaturanleitung)

        ii. die Einspritzleitung nicht dicht ist

        iii. Luft in der Leitung ist

9. <u>Motor dreht hoch bzw. durch</u>

Durchgehen des Motors durch Lösen der Einspritz-Druckleitung oder Herausschrauben des Luntenhalters abstellen. Beim Luntenhalter Schussbahn beachten!

    a. Aus mechanischen Gründen, weil...

        i. Der Regler nicht abregelt

        ii. Das Reglergestänge verklemmt ist

        iii. Die Vollastschraube zu weit herausgedreht ist

    b. Durch Ölzufuhr, weil...

        i. Bei Schrägstand des Schleppers Öl aus dem Luftfilter in den Ansaugstutzen kam

        ii. Sich durch längeren Stillstand des Motors Öl im Kurbelgehäuse des Motors abgesetzt hat[145]

10. <u>Starker Ölaustritt am Auspuffstutzen</u>

---

[144] Wenn das Pumpenelement verschlissen ist, dann leckt Diesel am Pumpenkolben vorbei und erreicht so nicht die Düse bzw. den Brennraum. Die Leckage ist im Verhältnis im Leerlauf gravierender als bei Vollgas. Wenn der Regler abregelt, dann liefert die Pumpe durch die Leckage zu wenig Diesel, die Drehzahl sinkt weiter. Der Regler gibt dann noch mehr Gas, die Pumpe liefert wieder genug bzw. zu viel. Starkes „Sägen" ist die Folge. Wenn die Pumpe die Ursache ist, dann hilft dauerhaft nur ein Tausch der defekten Bauteile der Pumpe. Zumindest Pumpenelement und Druckventil sollten getauscht werden. Als Nebeneffekt gelangt bei defektem Pumpen Diesel ins Reglergehäuse und reichert sich im Regleröl an (verdünnt es). Das führt auf Dauer auch zu höherem Verschleiß. Ich empfehle hier das Ausschlussverfahren aller anderen Ursachen, bevor man die Pumpe tauscht/überholt.

[145] Insbesondere die Motoren ohne Ölrückführung sind hier anfällig. Ölsumpf nach längerer Standzeit entleeren. Bei Motoren mit Ölrückführung soll immer ein kleiner Ölrest im Sumpf verbleiben, damit die Pumpe für den Öl-Rücklauf nicht trocken läuft. Im Internet steht auch ein Fall einer verschlissenen Pumpe, die im Stand schon in kurzer Zeit zu viel Öl ins Kurbelgehäuse „durchlaufen" ließ. Die Prüfung ist einfach: Ablass-Schraube entfernen, Öl auslaufen lassen. Sauberes Gefäß unterstellen und beobachten, ob Öl nach ein paar Stunden/Tagen nachläuft. Geringe Mengen sind normal, denke ich.

      a. Zu viel Kraftstoff oder Öl, weil…

          i. Einspritzdüse nicht mehr richtig arbeitet

          ii. Kraftstoffeinspritzmenge verstellt ist

          iii. Motor durch Bergabfahrten im 1. Gang ohne Last mit Schmieröl überfüttert wurde

          iv. Ölablaufrohr am Auspuff verstopft[146]

Abhilfe (außer bei den oben beschriebenen Punkten):

Durch Ausbrennen des Auspufftopfes möglich

11. <u>Motor kommt nicht auf Drehzahl und rauch stark</u>

      a. Zu große Belastung beim Startvorgang lässt Abregeldrehzahl nicht erreichen, so dass Startknopf hängen bleibt

Abhilfe: Fahrhandhebel beim Start auf ½ bzw. ¾ offen stellen.

---

[146] Der A12 hat nach unten zwei kleine Öl-Ablauf-Röhrchen. Diese müssen immer durchgängig sein. Ich habe meine Ablaufröhrchen mit Stahlseil und Akkuschrauber – wie vorher beschrieben – gereinigt.

22. AUSGEWÄHLTE QR-CODES

Hier noch ein paar QR-Codes wichtiger URLs, die in diesem Buch erwähnt werden. Man kann sie hier mit dem Handy abscannen, dann braucht man sie nicht abzutippen.

Holder A12 Betriebsanleitung und Ersatzteilliste:

https://www.kaercher-municipal.com/de/oldtimer

Sachs 600 Betriebsanleitung, Ersatzteilliste und Reparaturanweisungen

http://www.einachser.org/holder/Sachs.htm

Bedienungsanleitungen von Holder Kleingeräten (z.B. Anbaufräse)

https://www.frank-motorgeraete.de/ersatzteillisten-downloads/downloads-holder-kleingeraete-betriebsanleitungen

Ersatzteillisten von Holder Kleingeräten (z.B. Anbaufräse)

https://www.frank-motorgeraete.de/ersatzteillisten-downloads/downloads-holder-ersatzteile-kleingeraete-et-listen-ersatzteillisten